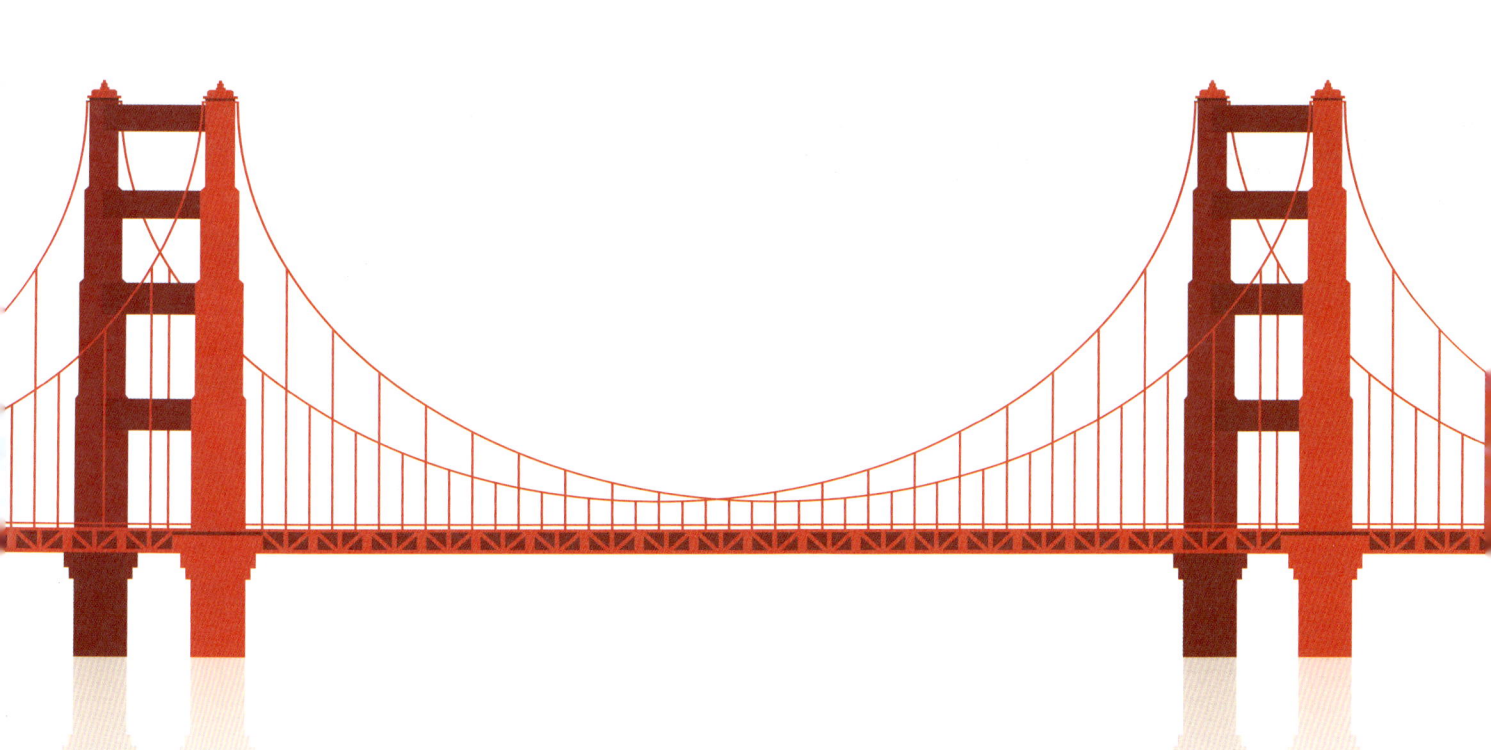

孩子的第一本
工程科學
[I]

宋德震 —— 編著

推薦序──

入門結構與機械領域實用又易讀的好書

宋老師多年來投入機器人與工程科學教育，書中清楚地詮釋了在機械領域非常重要又基礎的概念，那就是結構、機構與傳動，再藉由積木實際組合，讓學習者深刻體會從概念到啟發靈感，並激發創意。慧魚工程積木，它不同於一般積木，非常利於搭建車輛、機構等仿真工程模型，並做出貼近真實的動作，然而這樣優越的東西拿在手上，卻有不知從何下手的感覺。此書一方面幫助學習者使用積木建構工程模型，另一方面又將基礎概念具體化，是入門結構與機械領域實用又易讀的好書。

國立清華大學材料科學工程學系暨國際化執行長

李紫原

推薦序——

這是一本說話適度、暖心溫度、知識深度及學習廣度的好書

與作者宋德震老師的結識，是精華國中「與大師相遇」系列四講座開始的，對於這位有「機器人教父」美譽的柯達科技執行長充滿驚奇與讚嘆。

這是一本說話適度、讀書厚度、暖心溫度、知識深度及學習廣度的好書，尤其是理工科書籍，可以這麼簡潔明白傳遞知識。分享作者教書二十多年來工程科學的經驗，提供108課綱生科領域老師授課參考內容，也非常適合學生閱讀，裡面有豐富的圖片，圖文並茂讓人一目了然，許多圖片是作者親自到過四十多個國家旅行時所拍攝的，非常珍貴。作者希望藉由他的經驗減少老師摸索的時間，並讓孩子愛上工程科學。

十二年國教新課綱以核心素養做為課程發展的主軸，培養學生成為自主行動、溝通互動及社會參與等三大面向均衡發展的終身學習者，藉由科技領域來培養學生的科技素養，透過運用科技工具、材料、資源，培養學生動手實作及跨學科知識整合運用知能，並涵育學生的創造思考、批判思考、問題解決、邏輯與運算思維等高層次思考的能力及資訊社會中公民應有的態度與責任感。此書融合課綱的實質內涵，更延伸生活科技領域基礎的核心課程，有別於傳統的教科書制式編輯，更細緻貼近生活經驗學習。

宋老師指出，臺灣社會普遍重視「科學家」勝於「科學人」，前者指的是強調學術研究的菁英教育，後者則是讓「科學」成為所有學生基礎素養的科普教育。如何培養孩子的跨領域素養，是值得思考的課題，他以過去工程模組課程的教學為例，一開始他會透過物理實驗，說明橋梁是如何透過物體形狀的改變去加強支撐力，並用引導的方式，從10％、20％，再慢慢堆疊到100％，才能讓孩子培養出設計能力，而不只有組裝的能力。

新竹縣精華國中校長
何美慧

推薦序——基礎科技教育學習的典範，科技教育的理論與實踐

認識宋老師已經十個年頭，還記得第一次遇到宋老師是在屏東縣和平國小的研習教室中，宋老師使用積木教導師生們創作結構與機構，並加入創意元素來準備發明展，那時對於宋老師的感覺就是一位風度翩翩，充滿知識與溫暖而堅定的老師。之後與老師共同參訪德國、共同合作競賽等，更讓我覺得老師本身就是一部機器人寶典，充滿熱情與活力，願意為科技教育付出的老師，讓我深感佩服與感動，不愧為臺灣的機器人教父。

當我拿到老師新書稿件，對於從事中小學科技教育教學的我，實在是如獲至寶，是一本教師自我增能，與學生使用的優良輔助教材。新課綱提到科技領域中的生活科技教育中心目標為「做、用、想」與「創意設計」。「做、用、想」為實作教育、使用工具、思考想像，輔以創意設計，所以整個國教新課綱的生活科技課程目標為工程前教育，而非以往的工藝復興，在閱讀老師的書籍後，不僅認識結構的重要與機構的運作，更能了解結構及機構與生活中事件的連結。例如：桁架於橋梁與建築中的應用、生物體中的結構靜力、動力機構的能量傳遞等，都是常見生活中的例子，結合理論與實際生活的事件，讓整本書更易閱讀，也容易了解在生活中的實際應用。

感謝宋老師能夠編撰如此淺顯易懂的書籍，讓複雜的結構與機構能夠清楚地與生活中的事件連結，融合複雜的理論和實際的生活例子，閱讀本書讓人受益良多，也增進我在教學上的教學知能，我推薦這本書給所有從事基礎科技教育的先進們，一起進入結構與機構的世界中，充實自我，讓我們的教學更為豐富；同時我也推薦本書給初學結構與機構的學習者們，由生活中的例子來進行理論的學習，同時也看到理論與生活事件中的實踐，更增進自我的知識與能力。

感謝宋老師的書籍，讓我看到基礎科技教育學習的典範，也看見科技教育的理論與實踐，再次感謝宋老師。

2015 年師鐸獎得主＆屏東縣立明正國中科技中心主任

陳盈吉

推薦序 ——

帶領孩子如何思考探索工程結構與機構，以及背後的設計邏輯

　　每個人一生中認識的所有朋友都是一種特別的緣份，認識德震老師也是我們難得的機緣。當初因為單純想讓自己孩子學習機器人，與程式設計而相遇，仔細了解老師後，覺得台灣兒童科技教育領域，有這樣一位踏實穩健的老師，用堅持的信念在引領著學童，真是台灣孩子的福氣。

　　德震老師在台灣兒童科技教育領域的奉獻已經超過 20 年，我身為他的好朋友與家長身分，很明白他在這領域教育的初心，從他帶領孩子如何思考探索工程結構與機構，及背後的各種設計邏輯，就明瞭他不求速成，而是著重如何培育孩子的科學素養。他的教育理念在現的速食學習環境之下，或許無法讓社會大眾馬上理解與接受，但只要你用心閱讀本書，一定會發現德震老師是用他投入教育的熱血在完成這本書，因為書本中的內容，都是他這 20 年來，把與孩子一起探索工程科學的奧妙世界積累成冊。

　　誠摯將這本書推薦給重視科技教育的您！

社團法人中華幸福企業快樂人協會理事長

鄭仁宏

自序 — 從仰望星空到能遙望宇宙

二十年前，我開始使用工程積木（Building blocks）做為教工程學及創造力之載具。一開始學生很少問我有關工程科學的知識，他們大多會問：「老師，這個部位如何組裝？」因為剛開始教學，又毫無教育背景，不太瞭解如何把模型創作，與知識連結在一起，結果我把拼裝模型當作是課程的全部。

為了滿足這群孩子的好奇心，當時 24 小時不打烊的「敦南誠品書局」就成了我的「夜店」，許多專有名詞的定義，是我在那段摸索教學的日子裡，從閱讀大量原文相關科技發明史中，加上配合工程模型得到的靈感。於是我買了生平第一台數位相機，到處拍橋梁、起重機……，拆解及思索玩具內部的構造，再使用工程積木做出縮小版的工程模型，從開始拼裝模型，轉變為引導的方式與學生互動，基礎工程學、科學與機械物理，都是我與孩子互動的題材，透過模型，讓孩子們從自己的口中說出專有名詞的定義，那時，我在內心和自己對話，有一天，我要讓這門課變得有「溫度」，不是只在「拼裝」模型而已，近年來，更結合了人文、歷史與地理元素在課堂裡。隨著經驗增加，1999 年開始，我把程式融入在教學中，使用程式去控制這些工程模型，先後在卡內基美隆大學（2003 CMU）、RoboCupJunior（2003 義大利＋日本、德國、奧地利、新加坡、土耳其、荷蘭、中國……）、美國麻省理工學院（2004 MIT）、第一屆 WRO（2005 新加坡）、FIRA（2018 台灣 & 2019 韓國）等機器人世界大賽中獲得冠軍，亦同步把這些經驗轉化到科展，以及其他科學類競賽中，這也讓我在同一年裡，同時指導學生獲得全國科展物理及化學組的特優。

在 108 課綱生活科技領域，「結構」與「機構」是第一個核心課程，在多個學習主題中，我認為他最為重要，因他最為「基礎」，也憂心學校過於重視「新科技」的應用，使得基本功不夠紮實。我不認同把教育當作潮流追逐，就如這幾年教育界及媒體，都在談論與報導程式和機器人對未來的重要性，瞬間教育變成了商品，弄得家長人心惶惶。教學者如果不清楚結構與機構的定義，怎麼能深入淺出地描述及豐富教學內容，

或去激勵學生學習這門課呢？會驅使我寫這本書的動力，是因為不希望投入生科教學現場的老師，回到二十年前的我一樣，花了許多時間摸索，最後只讓孩子拼完模型便是一堂課。那時我在教學上的改變是出於和自己對話與「自省」，以及對教學的熱愛。雖然當時工程科學在體制外很冷門，但絲毫不影響我對這門課程的投入。在我的認知裡面，孩子才是課堂上的主角，體會出「引導」比「教導」重要，這可能也和我國中曾唸放牛班的經驗有關，深刻體認出不是每個孩子都有一聽就懂的悟性，更不會視「你應該知道」為理所當然。二十年後，我希望能把這些經驗分享，讓老師在教生活科技這門課時，有初步的參考範例，當老師有教這門課的背景知識與能力，生科變得有趣便是理所當然，自然能激起學生對這門課學習的興趣，更期待這門課能重新被看見與重視，不再只是拿來考試，或挪作其他用途。

　　本書原規劃是單本印刷，由於章節及頁數太多，所以把結構與機構兩個主題各自獨立成書。我把此書定位在科普閱讀，並非專業類別，主因是不希望被拘限在特定科系的學生範圍，亦考量學校生科或自然科老師，可能會以本書的單元做為教學範例，所以會在部分內容列舉基本的數學計算當作補充說明，目的是為了證明，若使用工積木，亦能配合專業科目做教學，有了數學式輔以內容解釋，能更清楚地認識工程學。

　　我發現一般學生及老師對機構的認知勝過結構，在書裡，我放了大量的圖片，許多是我到超過 40 個國家旅行時拍的，希望圖文並茂的呈現，內容能更貼近生活經驗，不會因看到書名就感到莫名的恐懼而失去接觸的機會。目前學習機器人相關課程已變得是一種顯學，在機構章節裡的概念，可以讓學生應用在機器人的機構設計與製作，我把最後一個單元名稱取名為「和木相處」，希望在生科教室裡，不再只有冰冷的雷切機與五金工具，另外，配合木工實作課程，我發現部份元件可使用積木替代，這樣對學生的製作效率，及作品精細度可提升，多餘的時間便可做優化。

根據《CNBC》報導，比爾蓋茲表示，雖然許多人在鼓吹學程式，但令人意外的是，他認為「不一定要會寫程式」（It's not necessarily that you'll be writing code.），但他卻認為：「你還是必須了解工程師的能力，與他們能做及不能做的事」，「你不需要當個程式專家，但如果你懂得工程師的思維，對你會很有幫助。」衷心期盼台灣的孩子未來都能具備工程素養，更擁有「設計」的能力，而不只是在「組裝」機器人（More Than Assembly! It's Designing & Engineering.）。

　　希望本書的內容，能做為老師在教生活科技課程的初步參考資料，也帶給孩子們走進基礎工程學的世界，讓他們從仰望星空到能遙望宇宙。最後感謝台科大圖書范文豪總經理對科普教育的遠見與支持，和編輯奇蓁的費心協助，才能使這本書如期付梓。

僅列舉部分筆者指導學生參加國際競賽的活動相片，證明臺灣的孩子有能力躍上世界的舞台。把世界當課本，而不是只有把課本當世界，感謝我們共同努力的日子，一起享受淚水下的美好。

▲ 2003 年義大利 RoboCup Junior 18 歲組足球機器人冠軍

▲ 2004 年 MIT 機器人大賽 18 歲組足球機器人冠軍

▲ 2005 年日本 RoboCup Junior 18 歲組足球機器人冠軍

▲ 2015 年中國 RoboCup Junior 14 歲組跳舞機器人冠軍

▲ 2013 年荷蘭 RoboCup Junior 14 歲組足球機器人冠軍＆最佳第一隊

▲ 2018年Apicta亞太區資通訊應用大賽15歲組銀牌

▲ 2018年台北市資通訊應用大賽高中職冠軍（連續三年）

▲ 2019年參加俄羅斯亞太區機器人大賽，學生接受裁判面試

▲ 2019年韓國FIRA機器人世界賽14歲冠軍＆18歲組亞軍

目次 CONTENTS

單元 1	工程積木與結構	1
單元 2	人字梯	17
單元 3	工作桌	23
單元 4	梁橋	31
單元 5	虹橋	39
單元 6	桁架橋	43
單元 7	斜張橋	57
單元 8	投石機	67
單元 9	上皿天平	75
單元 10	砝碼磅秤	83
單元 11	滑車	93
單元 12	塔式起重機	105

本書的所使用的零件清單,請至 http://tkdbooks.com/PN039 下載

單元 1
工程積木與結構

學習目標

1. 能說出結構的定義
2. 能瞭解工程積木的使用方法與功能
3. 能說出結構的種類
4. 能分辨生活中建物的結構應用
5. 能運用工程積木做創作思考

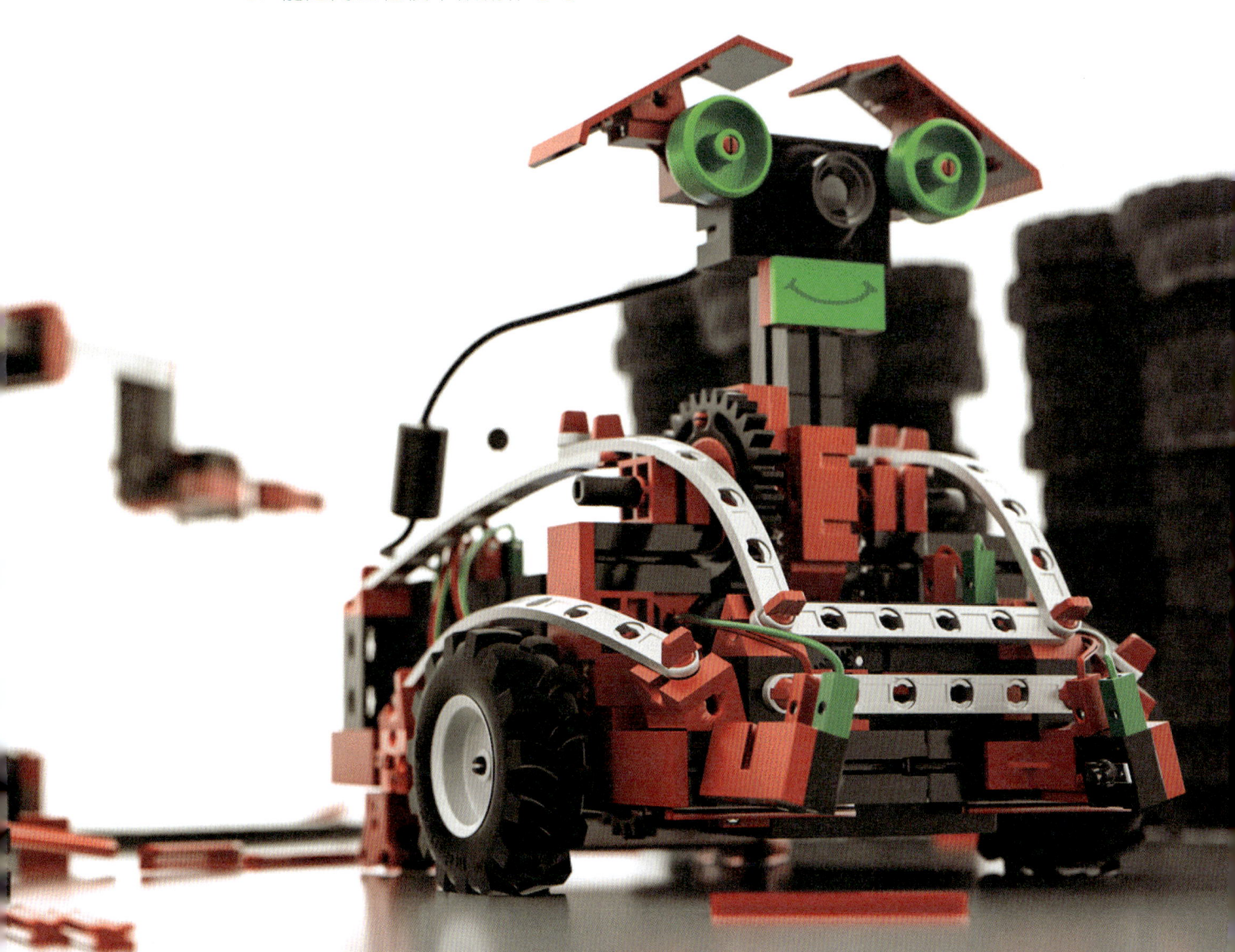

1 工程積木的起源

為什麼稱為工程積木（Building blocks）呢？書中所使用的零組件，是德國機械工程博士—— Artur Fischer 於 1964 年發明，原是作為贈送企業夥伴，以及顧客的聖誕禮物，1965 年於德國電視節目中首度正式露面。

慧魚工程積木是優質而富創意的仿真工程科學教具，利用簡單多變的零組件設計，再與其他套件配合使用，例如：電腦控制、聲光、空氣動力、再生能源等零組件，可組裝成多種機構傳動與機械模型。工程積木被廣用在技職與大學工程模擬實驗室，此外，機械業常用來培訓工程師、技術員，現今，亦廣泛被用於生產線模擬，和工程顧問公司的專業開發。

圖 1-1　德國機械工程博士—— Artur Fischer

工程積木依實體機械零件比例縮小設計而成，以高品質又耐磨的塑膠材質製造，零件種類有齒輪、凸輪、螺桿、傳動軸、變速箱……等，並有金屬製鋁擠型零件，可增加模型穩固性，並以卡榫、燕尾槽設計，六個面都能與其他零組件連接，容易拼成任何想像的形狀、結構與機構應用。

目前「工業 4.0」（第四次工業革命）浪潮已狂襲全球，教育界無不企圖改變教學方法與內容，為因應未來產業所需的人才做準備。德國「工業 4.0 研究聯盟」指出，要實踐工業 4.0 的夢想，就必須先有模擬平台，然而具仿真性，具體而微的工程積木，便是一個優質的載體。

108 課綱中強調「素養教育」，工程積木可廣泛被應用在生科領域中的機構、結構、電子學、再生能源、機電整合與程式語言，做到系統整合與應用，培養學生跨領域的素養與能力。

2 工程積木的種類與結構

人類使用工具的歷史,幾乎和人類文明平行發生,然而工具的製作,必須藉由工程的手段來完成,所以 STEM 教育的核心便是「工程」。"Engine / Engineer / Engineering" 在古希臘文中表示「創作」、「創造」之意,在近代約 250 年左右,因為數學的突飛猛進才有工程學(Engineering)一詞出現。

靜力學(Statics)是研究作用於物體上的力量(Forces),在何種條件(Conditions)下才能得到平衡(Balance)。結構學是興建橋梁和房屋等建築物的計算及設計基礎,各種不同的力量都會作用於結構物的部件上,建築物自身的重量為自重,而在其上的人、傢俱、碗碟,甚至汽車等都是負載的一部分。

仿工程零組件設計出的工程積木,希望能提供學習與使用者,去模擬機構如何運作,分析及研究力對靜止或物體運動的影響。

依積木的特性與使用方法,主要可分為三類:結構類、基礎類、關節類,另外還有傳動、支撐、固定和連接類,這四類將放在機構主題中討論。只要多參考範例多操作幾次,便能融會貫通,自己也可以依照對這些工程積木的瞭解,建立新的歸納與分類方法。

圖 1-2　英文 Engine/Engineer/Engineering 一字的字源,在古希臘文的原意是「創作」、「創造」之意。

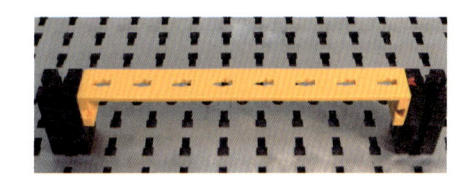

1 結構類

每回大地震後,結構技師便會到災區評估建物或橋梁的安全性,那什麼是結構呢?讓我們做個簡單的實驗來說明。

拿出一根圖 1-3 的橫梁,並使用手指向下壓,你可以發現梁變形了,如圖 1-4 所示。

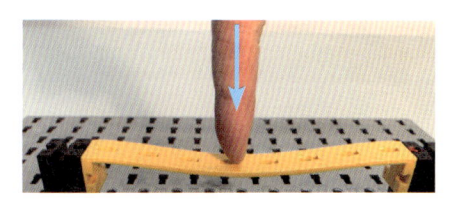

圖 1-3　橫梁

圖 1-4　受外力產生形變的橫梁

接下來,把圖 1-3 的梁向內施力,變成圖 1-5 的樣子,再用手指按壓看看,我們可以發現拱形的形狀,或稱蛋形的結構不容易變形了。現在可以定義什麼是結構了,「那就是改變一個物體的形狀,可以對外力有更好的支撐,或把力分散的效果,這就是結構」。圖 1-6 是位於德國海德堡大學旁的拱橋,因為符合結構的應用,可以抵抗河水不斷地衝擊並矗立於河流之上。

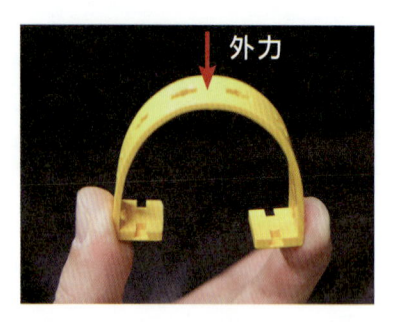

圖 1-5　蛋殼形不易受外力作用產生形變

圖 1-6　德國海德堡大學拱橋

結構依外形不同可分成兩類,一是蛋殼形,如圖 1-5;另一類是骨架形,如圖 1-7 所示。在圖 1-7 中,由三支桿件構成的三角形結構,無論從那個方向對它施力,形狀都不會改變,常被應用在木製房子屋頂的結構,如圖 1-9。但對圖 1-8 的四邊形施力,則形狀很容易改變,所以三角形是完美的結構形狀,這種結構稱為骨架形,桁架是最常見的應用。

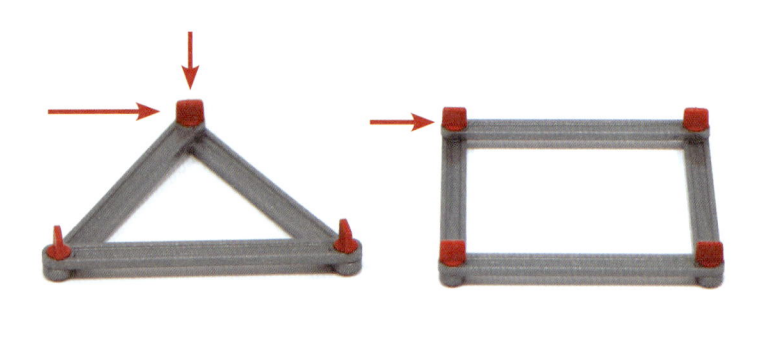

圖 1-7　三角形　　　圖 1-8　四邊形　　　圖 1-9　台中宮原眼科建物的桁架應用

在很多工程應用的地方，蛋殼和骨架形結構不會單獨存在，而是同時被應用，如圖 1-10 中的橋梁或飛機的結構。

在圖 1-11 中的 6 公分零件，雖採用鏤空設計，我們可以用拇指和食指同時朝反方向加壓，它對外力仍有非常好的抵抗效果，稱之為「結構件」。在許多大型動物，如鯨魚和恐龍的骨骼，如圖 1-12、圖 1-13，外觀很像現代工程中使用的 H 型鋼，如圖 1-14，又稱工字梁，是工程師從這些生物中得到的靈感，並加以改良應用在各種建築與工程中，便能蓋出摩天大樓，H 型鋼對受到壓力及剪力有很好的抵抗效果，但對抗扭力則較差。

圖 1-10　蛋殼與骨架結構同時應用在橋梁設計

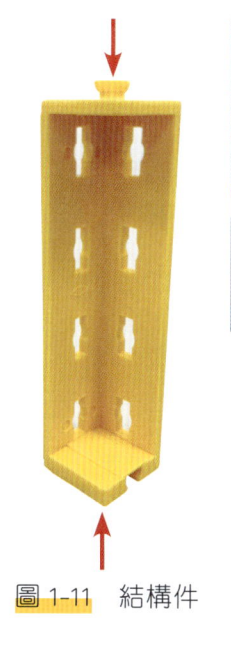

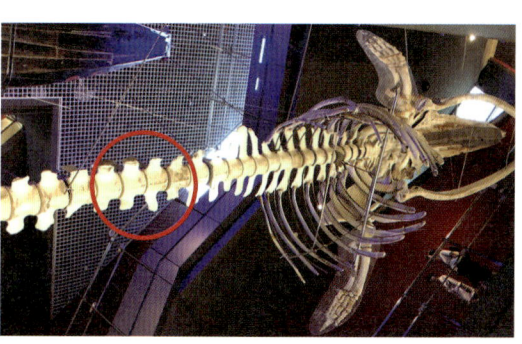

圖 1-11　結構件

圖 1-12　鯨魚骨骼

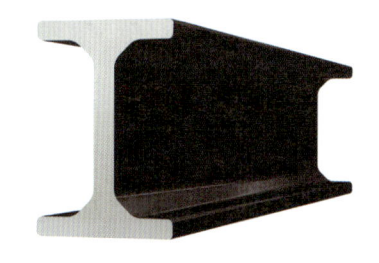

圖 1-14　H 型鋼

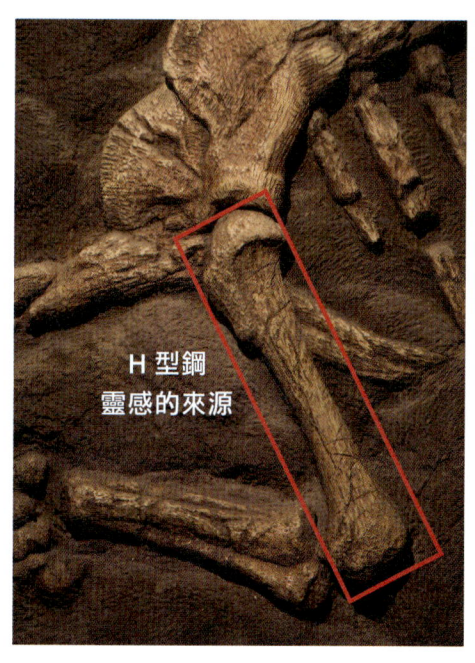

圖 1-13　恐龍骨骼化石

生物界中，有許多物體藉由稍微彎曲來增加硬度，如圖 1-15 的葉脈，有些葉脈的形狀像桁架，如圖 1-16。鳥類身上的羽毛，中間主軸向兩側自然彎曲，達到抵抗重力的作用，如圖 1-17 所示，在薄且扁的物體，很容易因受外力作用產生歪斜，除非加上皺摺，生活中的瓦楞紙便是典型的應用，如圖 1-18。

圖 1-15　弧形的葉脈　　　圖 1-16　如桁架的葉脈

圖 1-17　彎曲的羽毛主軸　　圖 1-18　瓦楞紙

在圖 1-3 的梁中，重力對體積大的物體影響很大，因為厚度隱藏了向下變形彎曲的樣貌，實際上卻已經產生了微微彎曲；體積小的物體，尤其是水生昆蟲，則受到表面張力的影響比較大，如常見的水黽。

汽車的圓弧形結構是為了增加剛性，但飛機的機翼設計，上方是圓弧形，下方是平的，這個設計目的是要能符合流體力學中的「白努力定律」（流速與壓力成反比），使得機翼上方的空氣流速比下方快，於是能產生一股向上的昇力，讓巨大的廣體客機能飛上天空。這樣的科學知識，人類在數個世紀以前便知道，直到萊特兄弟的努力，才使得人類得以稍為抵抗重力而離開地球表面。

另外，工程積木也有鋁擠型的應用，可以提供更堅固的支撐，如圖 1-19 所示。

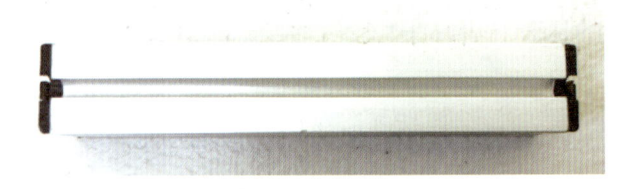

圖 1-19　鋁擠型工程積木

如何使圖 1-20a 的梁變得堅固呢？使用兩支手指向內按壓梁的兩端，如圖 1-20b，此時梁很容易變形，再拿出圖 1-20c 的兩根梁，並與圖 1-20a 的梁結合在一起，這時梁變堅固了，如圖 1-20d 所示。

a.   b.   c.   d.

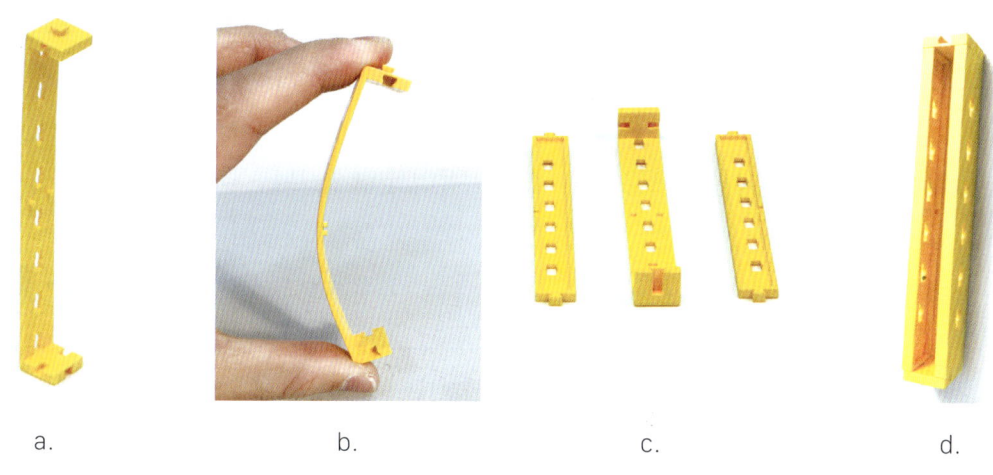

圖 1-20   梁變得更堅固示意圖

所以結構技師的工作有一點非常重要，那就是要如何能設計出一棟穩固又安全的建築物。

2 基礎類

材料依物理性質及對外力的抵抗，可以分為抗壓力與抗拉／張力兩種，讓我們用下列的實驗做說明。

將兩個 3 公分長的黑色基礎積木，模擬磚塊堆疊在一起，如圖 1-21 所示，然後用手壓和拉，我們可以發現，它們可以抵抗擠壓的力量，但不能抵抗拉／張力，但金屬的抗拉及抗壓都很優良，以纖維組成的木材雖然硬度很大，但抗張力至少是抗壓縮力的兩倍。

圖 1-21   磚塊抗壓實驗

再拿一條繩子，使用左手拇指捏在距離線頭 2 公分處，然後用右手食指壓線頭，這時繩子立刻向下彎曲變形，如圖 1-22 所示，可以明顯地觀察到繩子無法抵抗壓力，如果用手拉住繩子的兩端，再往相反的方向拉，此時繩子會緊繃，除非力量大到把繩子拉斷，否則它可以抵抗這種使分子間距離變大的外力，也就是拉／張力，這種結構稱為繫材，抵抗內推的結構可暫稱為支架，在圖 1-23 中使用繩子吊東西，便是生活中常應用的實例。

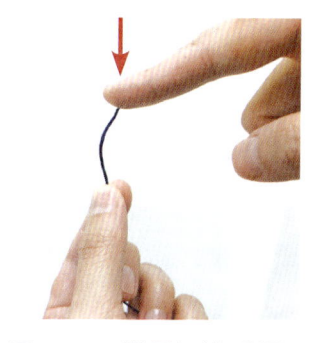

圖 1-22   繩子無法受壓   圖 1-23   繩子抗拉實驗

從圖 1-24 中，我們可以想一下，為什麼蓋房子時，會同時使用鋼筋配合磚塊堆砌，最後再灌入水泥呢？從圖 1-25 可以觀察凸出部位的特徵，這個凸點是把金屬鉚栓嵌入到積木內部，因為特殊的設計，與其他零件或操作板結合時，會有較好的支撐與穩固效果，就好像是橋墩，或建物的梁柱如圖 1-26 所示，所以定義為基礎零件。

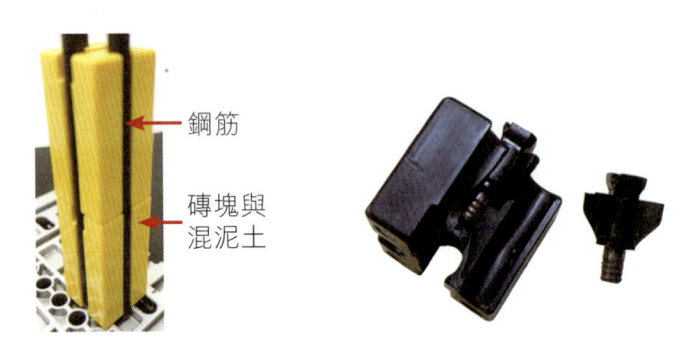

圖 1-24　鋼筋混泥土示意圖　　圖 1-25　積木凸出點使用鉚栓嵌入　　圖 1-26　捷運軌道

一個結構物，除了可能受到壓應力、拉張應力、剪應力外，還會受到彎曲和扭曲兩種負荷，如圖 1-27、圖 1-28 所示。

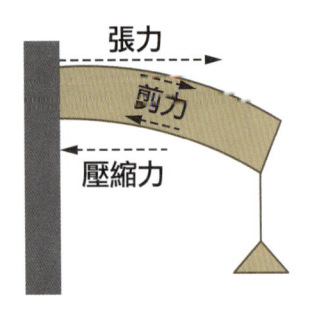

圖 1-27　橫梁受到負荷時各部位受到不同力的作用

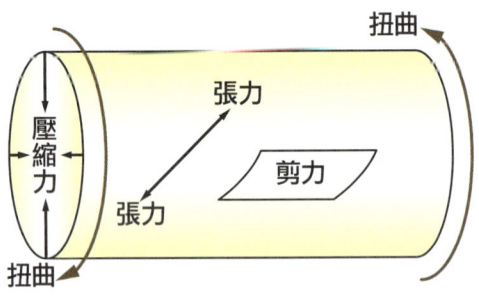

圖 1-28　當我們用雙手擰乾毛巾的水時，外部受到張力，內部則受到壓縮力，除了中間有一條中立線外，也會受到剪力的作用，把毛巾擰乾，主要是靠壓縮力

3 關節類

關節顧名思義，也就是能自由活動的意思。在許多地方，為避免設計上的些微誤差，導致工程人員施工困難，於是在某些部位設計會採取活動式的關節，如圖 1-29a、圖 1-29b、圖 1-29c 所示，當然，活動式關節概念的應用還有很多種，在之後的章節中有很多的應用實例可參考。

a.　　b.　　c.

圖 1-29　自由活動的支架及桿件

3 結構的歸納

要能抵抗壓縮力一定要是固體嗎？其實是我們忽略流體也有很好的抗壓性，當談論結構時，不能忽略流體的特性。在輪胎內部填充相當壓力的氣體，則壓縮力就有避震的效果，流體要發揮良好的壓縮力，關鍵在外部的儲氣裝置，這個裝置常使用具有彈性的橡膠材質，如輪胎內胎，充滿氣之後，除了能有支撐的功能，也能吸震與緩衝。烏賊及扇貝遇到危險時，其身體特殊的構造把水向後噴出，造成身體向前運動，這是基於「動量守恆定律」，因為牠們噴水的方式是以身體某部位擠壓水的方式進行，等待身體形狀復原狀可再噴射一次，他們使用的燃料是「海水」，如圖 1-30、圖 1-31 所示。

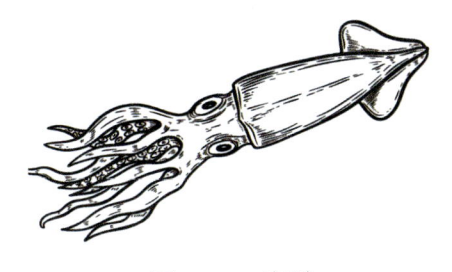

圖 1-30　烏賊

圖 1-31　扇貝

以長頸鹿的脖子做說明，可用桁架的概念來探討受力情形，如圖 1-32、圖 1-33、圖 1-34 所示。

圖 1-32　長頸鹿

圖 1-33　長頸鹿脖子骨架模擬

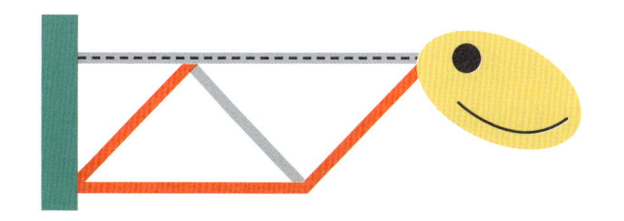

圖 1-34　長頸鹿脖子骨架好比是一個凸出的桁架，紅色支架表示脊錐與骨骼受到的壓縮力，上方灰色表示肌肉，黑色虛線則是韌帶

在德國城市有個騎士餐廳，企業標章整體不重，所以可使用簡單的框架做成，並固定在牆壁上。如果很重，上方的橫支架／梁會向下彎曲，很多時候，我們肉眼並無法看出這樣微小的形變，但變形卻是事實。

恐龍脖子骨架好比是一個凸出的桁架，紅色細線條表示受到張力，如圖 1-36、圖 1-37 所示。

圖 1-35　德國騎士餐廳標章

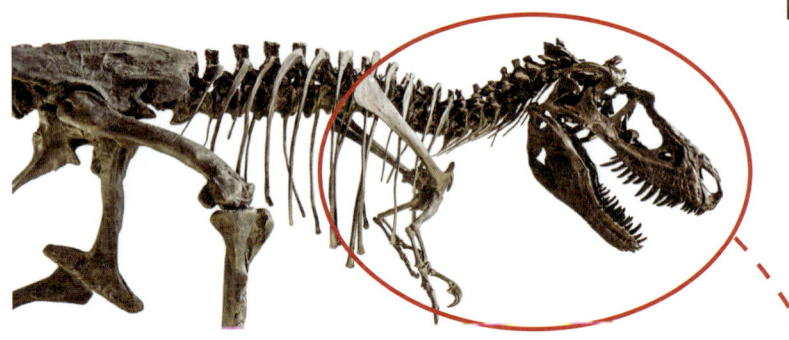

圖 1-36　恐龍化石

圖 1-37　恐龍脖子骨架示意圖

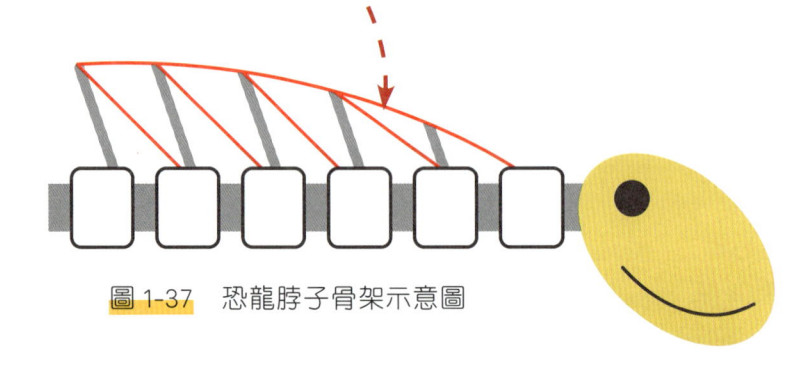

有一次筆者到土耳其旅行，在海邊看見許多羅馬帝國的遺蹟，如圖 1-38，當時的圓拱跨距無法太大，為避免其支撐力不夠，造成建築物癱塌，在 12 世紀後，法國興起了哥德式建築（Gothic architecture），其由羅馬式建築發展而來，一直持續到 16 世紀，也稱作「法國式」建築。

圖 1-38　羅馬式拱門

為了能把圓拱的跨距加大，讓進入教堂或其他建築物的門變寬，使整體有更宏偉及崇高的感覺，於是「尖拱」誕生了，如圖 1-39。

在歐洲常見的尖拱建築結構，以圖 1-40 做簡單說明，是為了讓尖拱建物能穩固，會使用飛扶壁（Flying buttresses）的設計，去分擔主牆的壓力。法國亞眠大教堂共有兩個拱壁，側邊有石牆提供向內推擠的力量，支撐來自上、下方的推力。

圖 1-39　亞眠大教堂

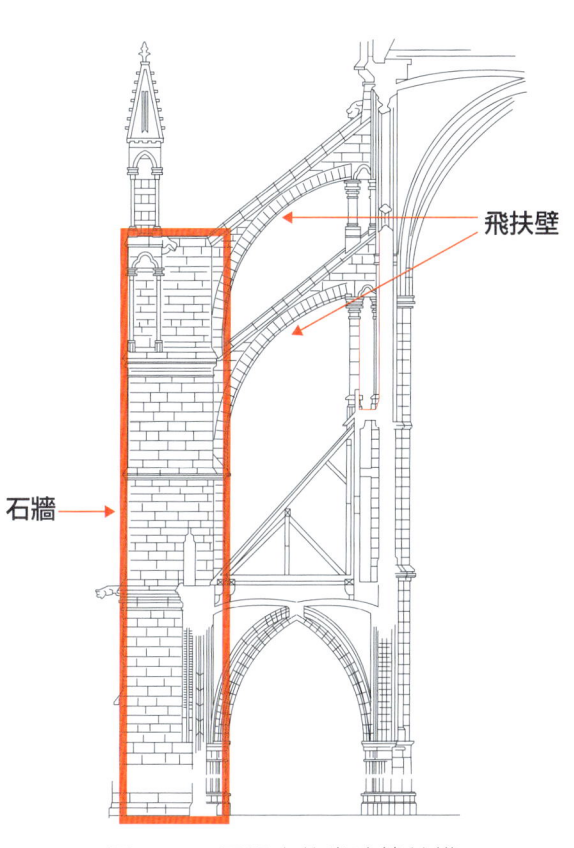

圖 1-40　亞眠大教堂建築結構

在圖 1-41 的簡易骨架房子中，繫梁可讓屋子變得穩固，如果移除繫梁，則可以在中間加一根柱子，這樣即便少了繫梁，仍可以維持穩固性，如圖 1-42。

利用木頭纖維可抵抗張力的性質，可用在早期的木造房屋。

圖 1-41　木頭骨架／桁架的房子

a. 一般骨架　　　　　　　　　　b. 桁木與柱子

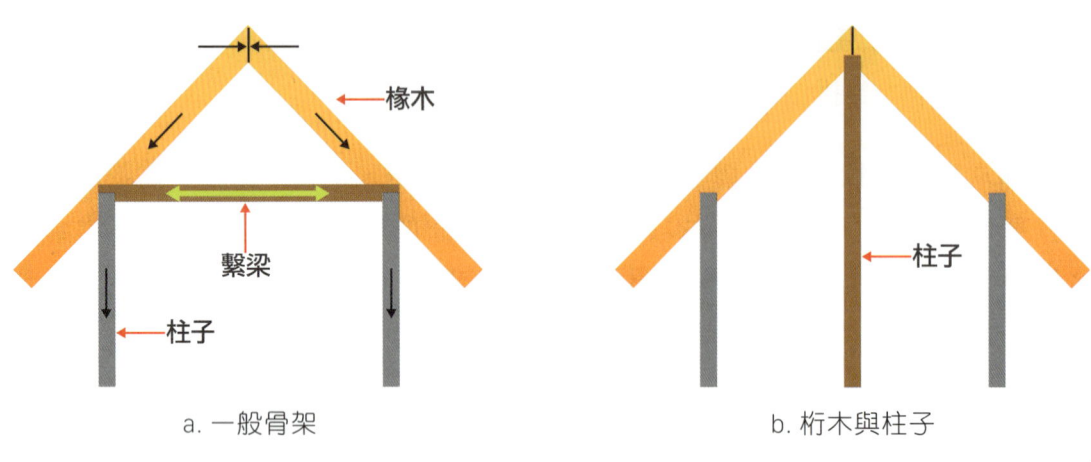

圖 1-42　拿掉繫梁，可以加柱子增加房屋的穩固

從以上的內容及案例，我們沒有討論到數學計算，但不影響對結構的初步瞭解。我們不斷向自然學習，然後應用科技做出現代的工程，進而改善人類的生活品質，希望這些觀念的建立與知識的獲得，能帶給我們在生活科技領域學習上的樂趣。

4　工程積木的使用方法

只要依照組裝步驟完成 2～3 個工程模型，便大致能知道積木的特性、功能與組裝方法，在此不多做說明。

工程積木的組裝方式可分為下列兩種。

1 推／拉

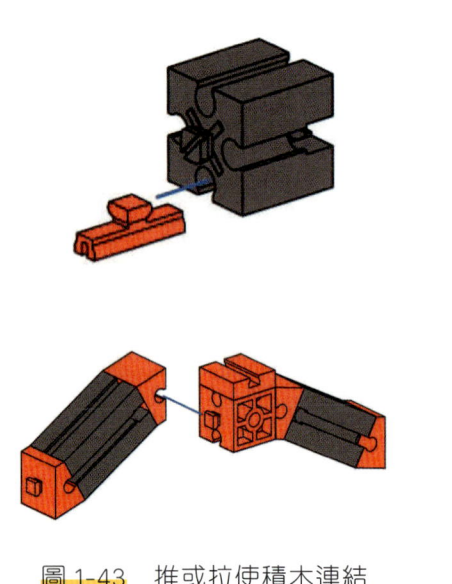

2 旋轉

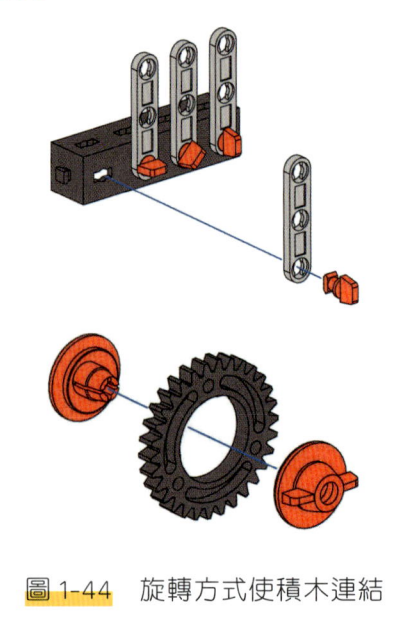

圖 1-43　推或拉使積木連結　　　　圖 1-44　旋轉方式使積木連結

5 工程積木 Q&A

　　下列幾個模型範例，是生活中常看見的結構應用，在你閱讀完這個單元之後，相信對結構有一些基本的瞭解，日後當你看見建築物的外觀，便能知道工程師背後設計的原理，更能體驗工程之美在日常的道理。

Q1 有時會因為加工及搬運限制，一些梁柱的長度會被接合而成，如何把兩根橫梁或支柱交界處使用結構概念做結合，以達到穩固的效果呢？

A 圖 1-45 為室內鋼構及圖 1-47 的橋梁結構，在接合處使用螺栓與鉚釘固定。

圖 1-45　鋼構支柱接合

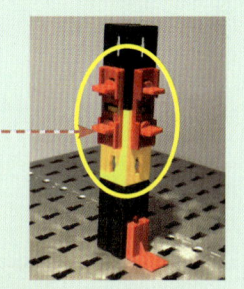

圖 1-46　鋼構支柱接合模型

圖 1-47　橋梁之結構

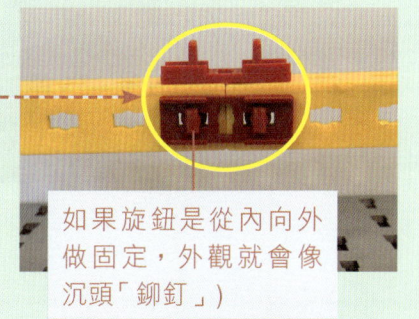

圖 1-48　鋼構結構接合模型

（如果旋鈕是從內向外做固定，外觀就會像沉頭「鉚釘」）

Q2 如何使橫梁與柱交界處的結構變得具有剛性？

A 為使結構更穩固，在建築的內部，如圖 1-49 所示，或外牆，如圖 1-52 所示，常使用斜撐的應用增加穩定度。

圖 1-49　室內斜撐

圖 1-50　斜撐模型

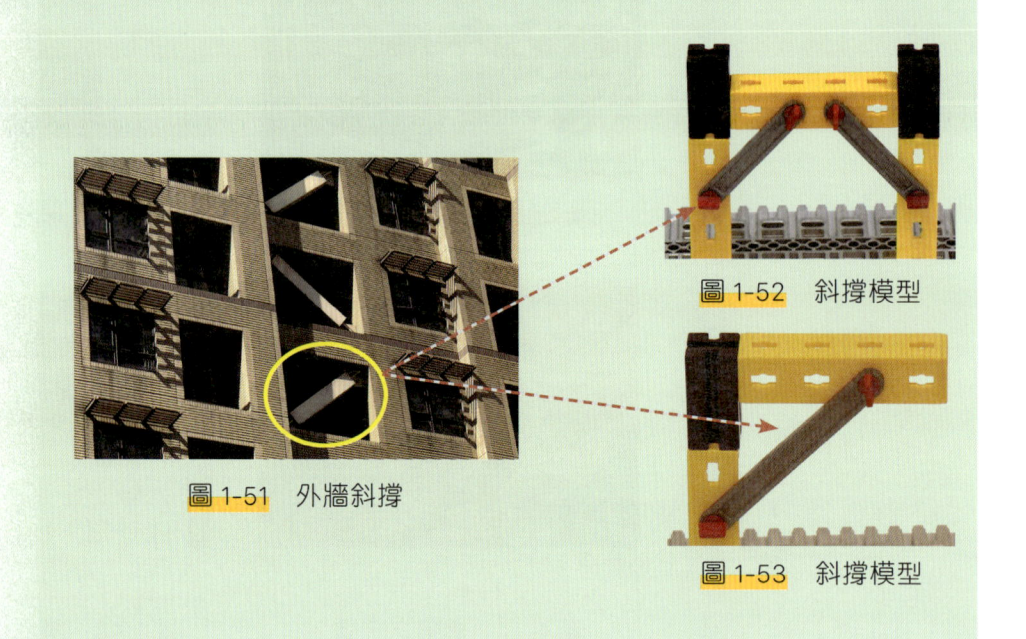

圖 1-51　外牆斜撐

圖 1-52　斜撐模型

圖 1-53　斜撐模型

Q3 如何使支柱更具有支撐與穩固效果？

A 除了可使用 L 型角柱，如圖 1-54 所示，或 V 字型角柱，如圖 1-55 所示，固定在支柱的側邊，也可以用圖 1-56 中的桿件當作支撐，使得支柱有更好的穩定效果。

圖 1-54　L 型角柱使支柱穩固

圖 1-55　V 字型角柱使支柱穩固

圖 1-56　使用支架讓支柱穩固

Q4 如何在牆壁上放一個垂直壁面的板子呢？

A 使用 L 型角柱做支撐，如圖 1-58 所示。在 L 型角柱上，有一個「肋板」的應用，主要的功能是強化結構的強度。

圖 1-57　L 型角柱斜

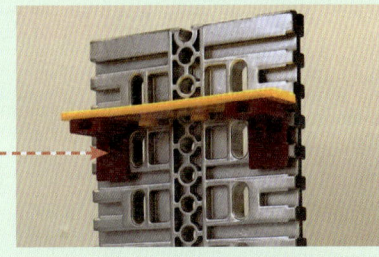

圖 1-58　使用 L 型角柱支撐

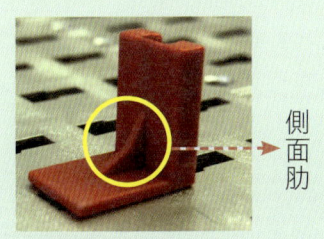

側面肋

圖 1-59　肋板

肋板常使用銲接技術固定

圖 1-60　肋板在工程上的應用

單元 1 問題與討論

1. 在《出埃及記》裡其中一段提到蓋建築物的過程描述，要在灰泥裡加入馬鬃，你認為原因是什麼？

2. 降落傘和蒲公英在空氣中能緩慢落下的原因是什麼？

3. 繫材和支架哪一種可以對抗張力，哪一種可以抵抗壓縮力？

4. 有句話說：「在非洲莫原上，最能撂倒大象的就是螞蟻」，為何這種小生物打架時不揮拳頭而是靠利牙呢？

5. 結構依外觀可分為哪幾類？

單元 2
人字梯

⚙ 學習目標
1. 能瞭解人字梯的功能
2. 能應用工程積木製作人字梯模型
3. 能知道人字梯的力學原理與分析
4. 能使人字梯成為穩定結構
5. 能設計工程實驗流程並歸納結果

1 認識人字梯

人字梯是一個簡單的靜態結構（Statical construction），常使用木材或鋁當作材料，它有柱式支架（Strut bracing）的梯腳，許多從事水電或室內裝修的人，會把人字梯當作身體的延伸，看似安全的爬高輔助，卻藏著危險，如梯子沒完全打開，忽略了水平安全繩或水平支架的穩固性，甚至站在梯子上時，利用身體的搖晃去移動梯子，有時也會因地面不平整造成翻覆。

人字梯的兩根支架和中間水平活動式支架恰好形成一個三角形，達到一個穩定結構的形狀。

圖 2-1　站在人字梯上工作

2 積木寫生──製作人字梯

Step 1

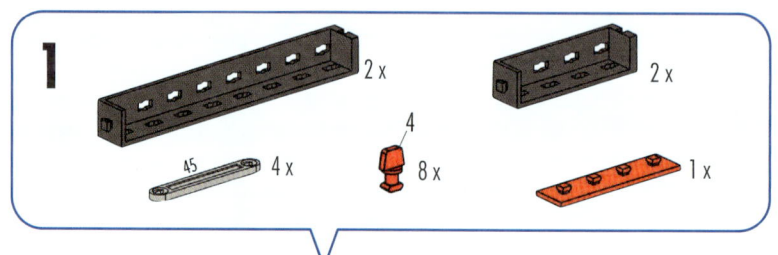

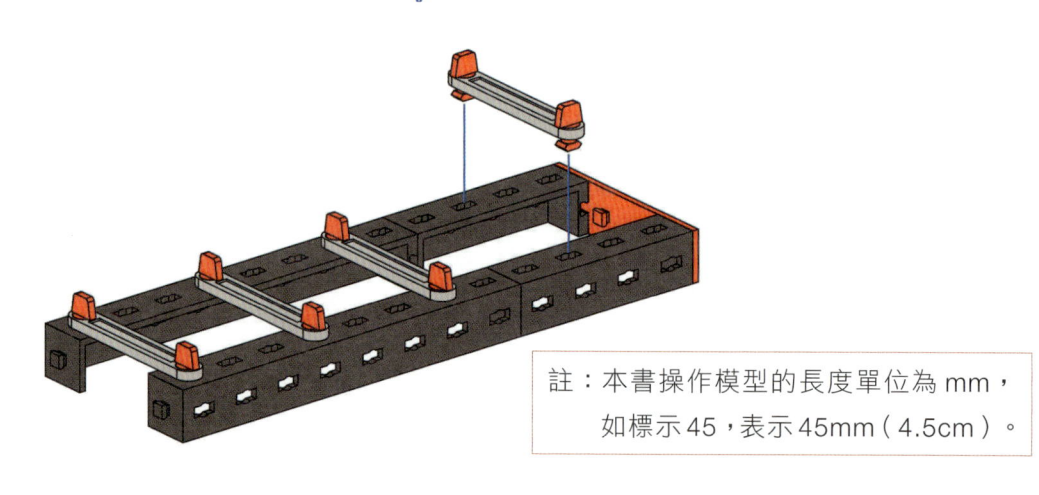

註：本書操作模型的長度單位為 mm，如標示 45，表示 45mm（4.5cm）。

單元 2　人字梯　19

Step 2

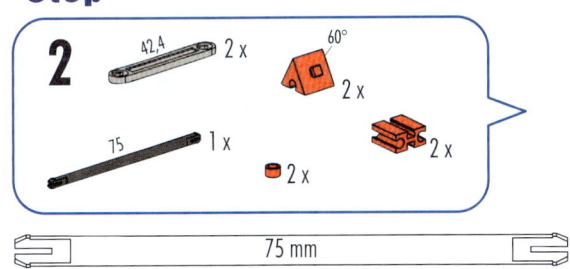

42,4　2 x
60°　2 x
75　1 x
2 x
2 x

75 mm

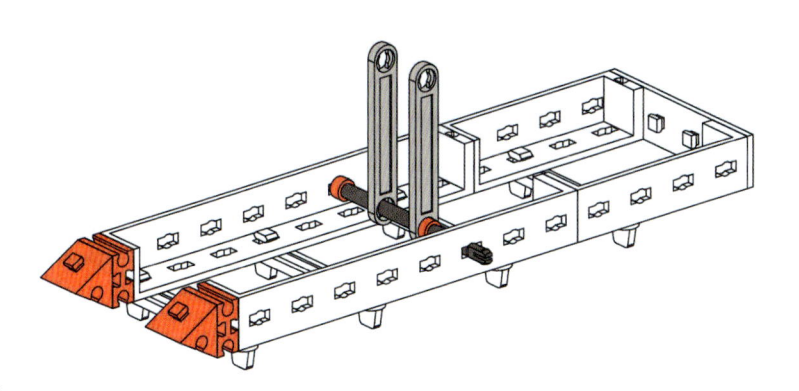

Step  3

2 x　2 x

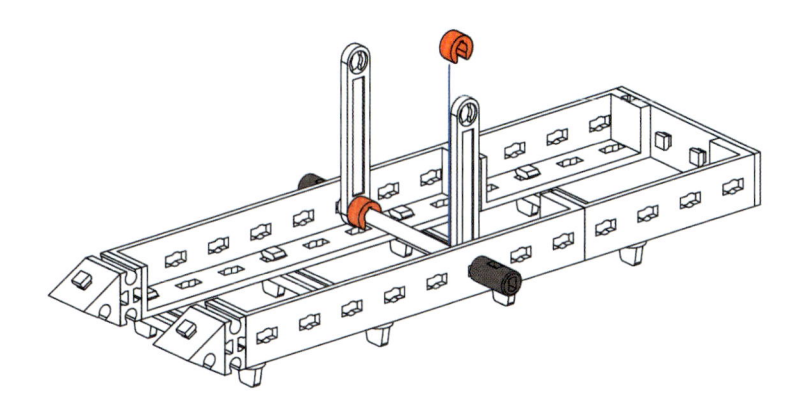

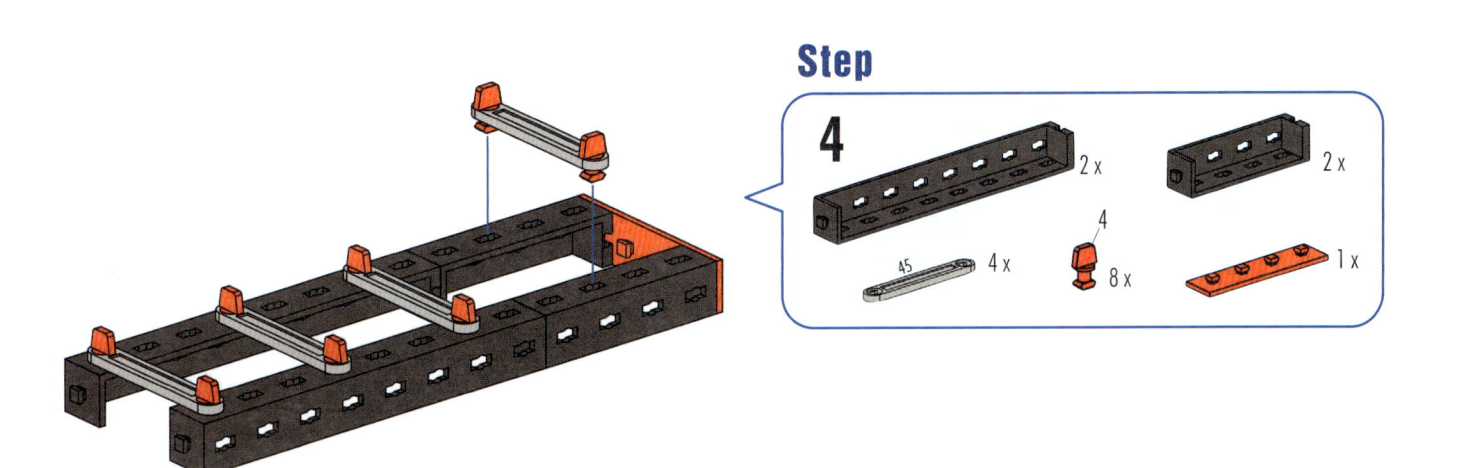

Step 4

2 x
2 x
45　4 x
4
8 x
1 x

Step 5

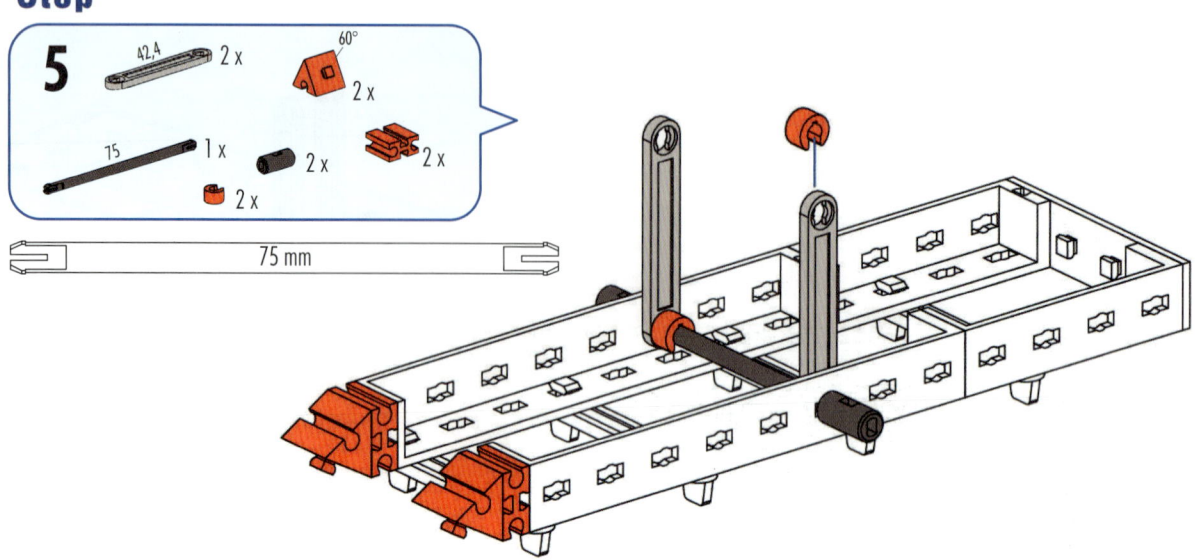

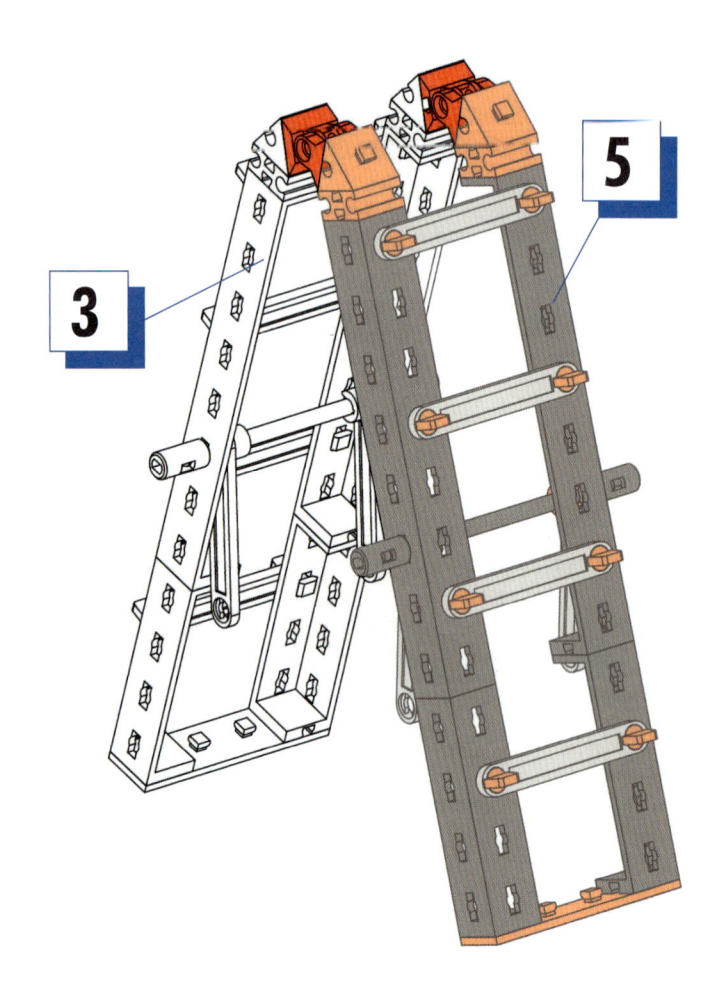

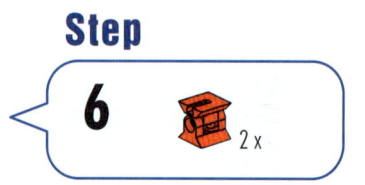

75 mm

Step 6

Step 7

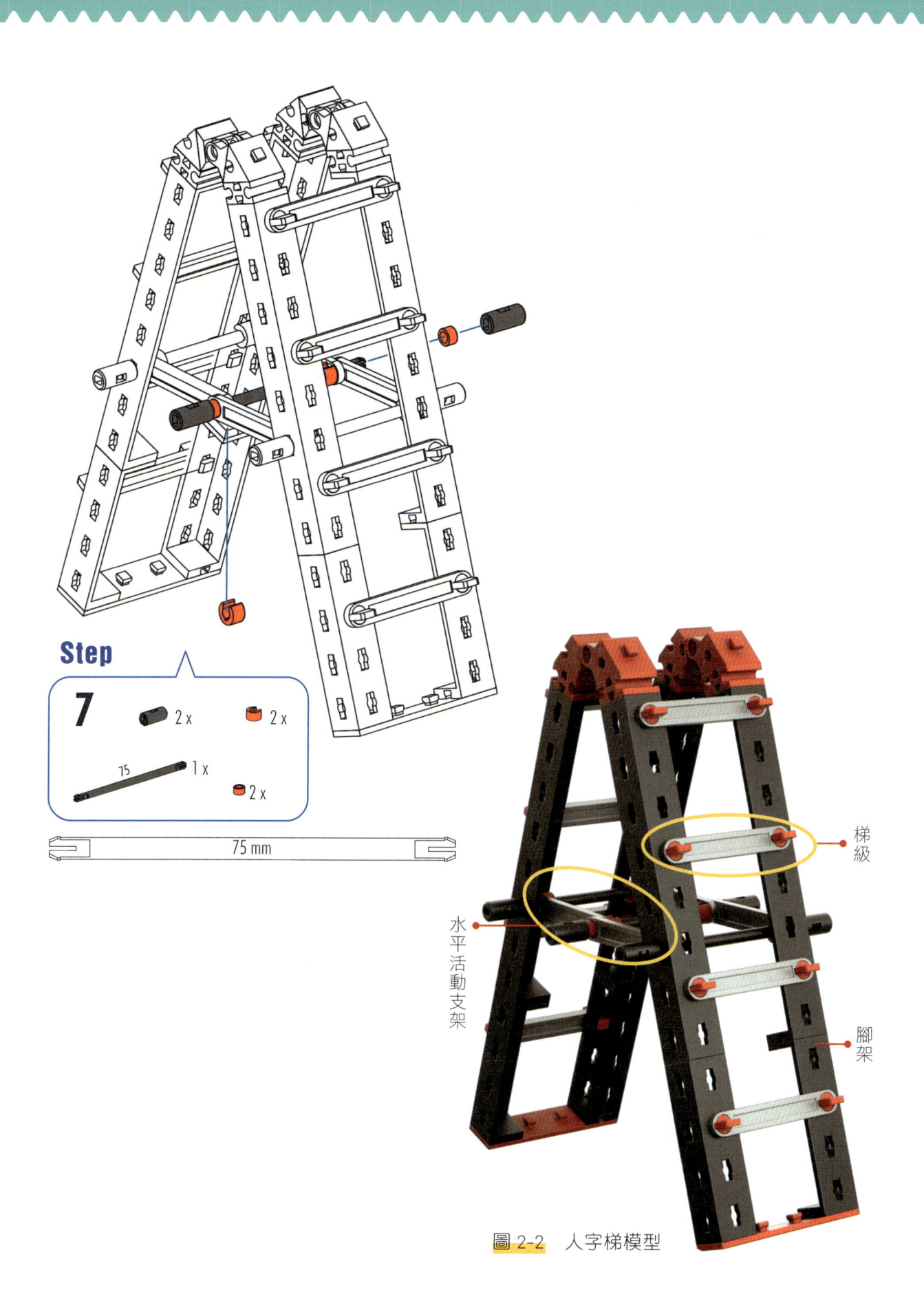

75 mm

圖 2-2 人字梯模型

梯級

水平活動支架

腳架

3 人字梯的力學分析

在圖 2-3 中，人字梯受到外力的作用時，如果沒有繩子或水平支架提供向內的拉力（綠色箭頭表示），此時兩支腳架容易向外滑動（橘色箭頭表示），除非有足夠大的摩擦力抵抗向外滑動的力。

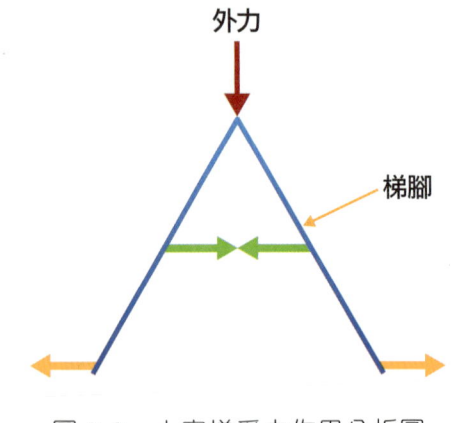

圖 2-3　人字梯受力作用分析圖

4 工程實驗

1. 如果把水平活動支架移除，用手壓上方中心點，或向梯級施壓，梯子站得穩嗎？

2. 把活動支架改成繩子，效果一樣嗎？如果用橡皮筋取代繩子，你認為可行嗎，是否有安全的問題？為什麼？

3. 如果要把梯子的梯級（攀爬架）轉 90 度以增加站立面積，要使用那些零件可以完成呢？沒有標準答案哦！請改變看看。

5 實驗結果

1. 人字梯由兩把相同的梯腳組成，梯頂由兩個活動關節（支點）連接，在一定的撐開角度範圍內，即使沒有任何支架，梯子仍然能穩定站立，但到了一個臨界點，梯子的兩支「腳架」會滑向相反的方向，安裝了支架後，便可使梯子變得穩固。

2. 使用繩索取代支架，也能達到相同的效果。不可行，因橡皮筋受力後變形量太大，甚至有斷裂的風險。

3. 請自行發揮創意完成。

單元 3
工作桌

⚙ 學習目標
1. 能瞭解工作桌的功能
2. 能應用工程積木製作工作桌模型
3. 能知道工作桌的力學原理與分析
4. 能使工作桌成為穩定結構
5. 能設計工程實驗流程並歸納結果

1 認識工作桌

靜力學（Statics）是研究作用在物體上的力量（Forces），在何種條件（Conditions）下能得到平衡（Balance）。靜力學是建造橋梁和房屋等建築物，所有計算與設計的基礎，各種不同的力量都會作用於結構的部件上，建築物本身的重量為自重（Dead weight），而在建物上的人、傢俱、家電，甚至汽車等都是負載。

工作桌又稱為工作檯，是一個靜態物件，通常是堅固又耐用的桌子，可視為工具一部分，如圖 3-1 所示。它有自身的重量，依據工作需要，會由不同的材料製成，例如：金屬、石材、木材和複合材料。大多數的工作桌是長方形，可以配合工作需求，裝置工作燈或固定工具，如虎鉗。為了能承載桌面上的五金工具、敲擊的外力…等，當然包括意外碰撞桌子的力量，它的設計需要符合結構特性。

圖 3-1 工作桌

2 積木寫生—製作工作桌

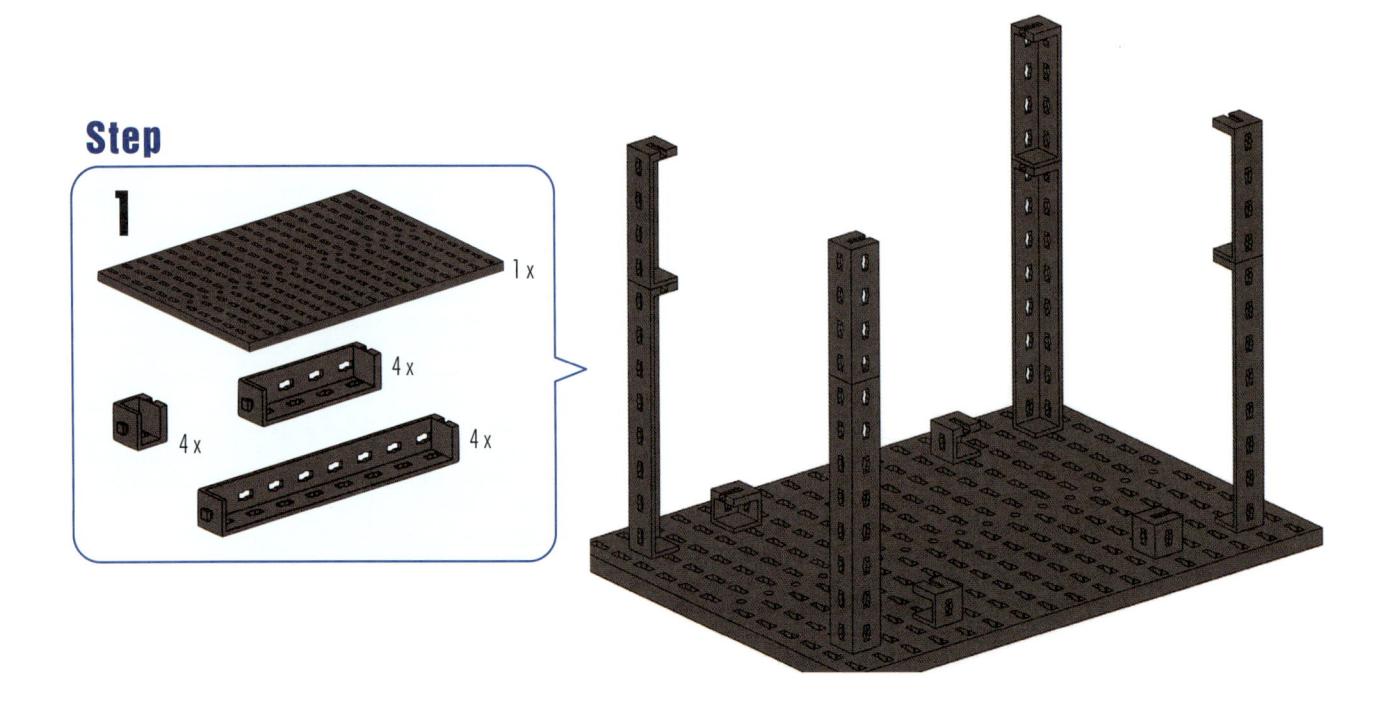

Step 1

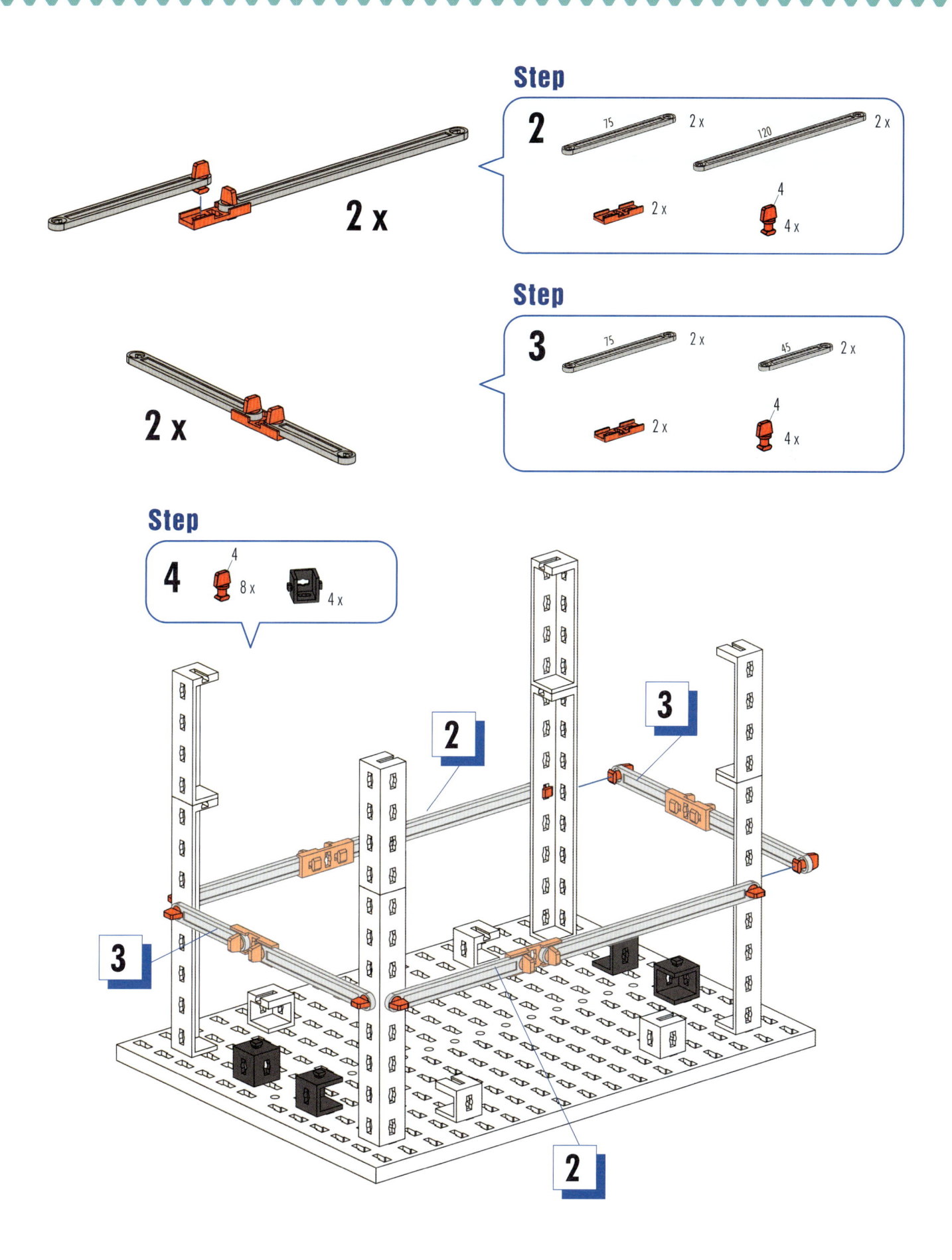

單元 3 　工作桌　25

Step 2
75　2 x
120　2 x
2 x
4
4 x

2 x

Step 3
75　2 x
45　2 x
2 x
4
4 x

2 x

Step 4
4
8 x
4 x

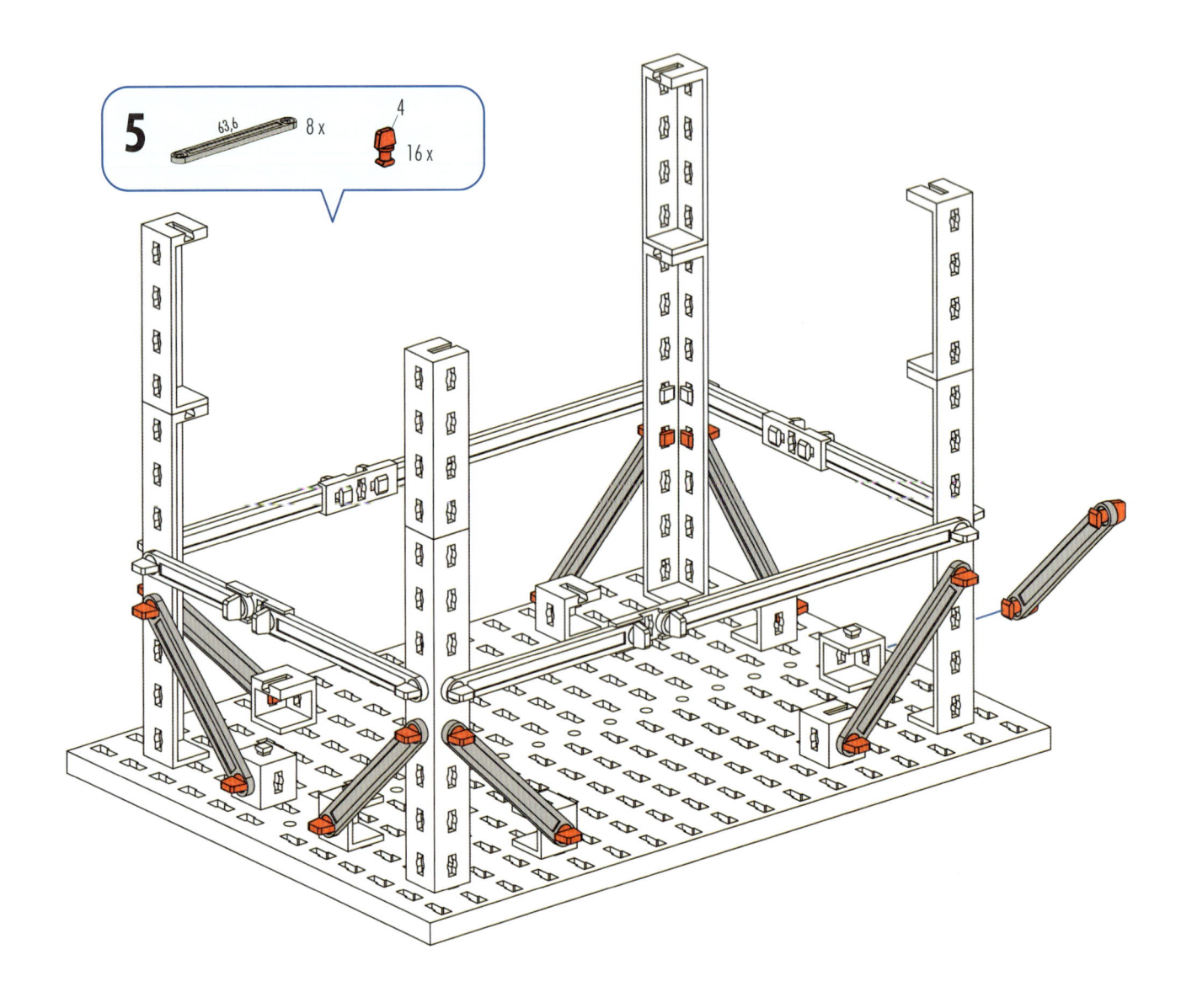

26　孩子的第一本工程科學 I
　　─使用 fischertechnik 工程積木學習結構與設計實務

5　63,6　8x　　4　16x

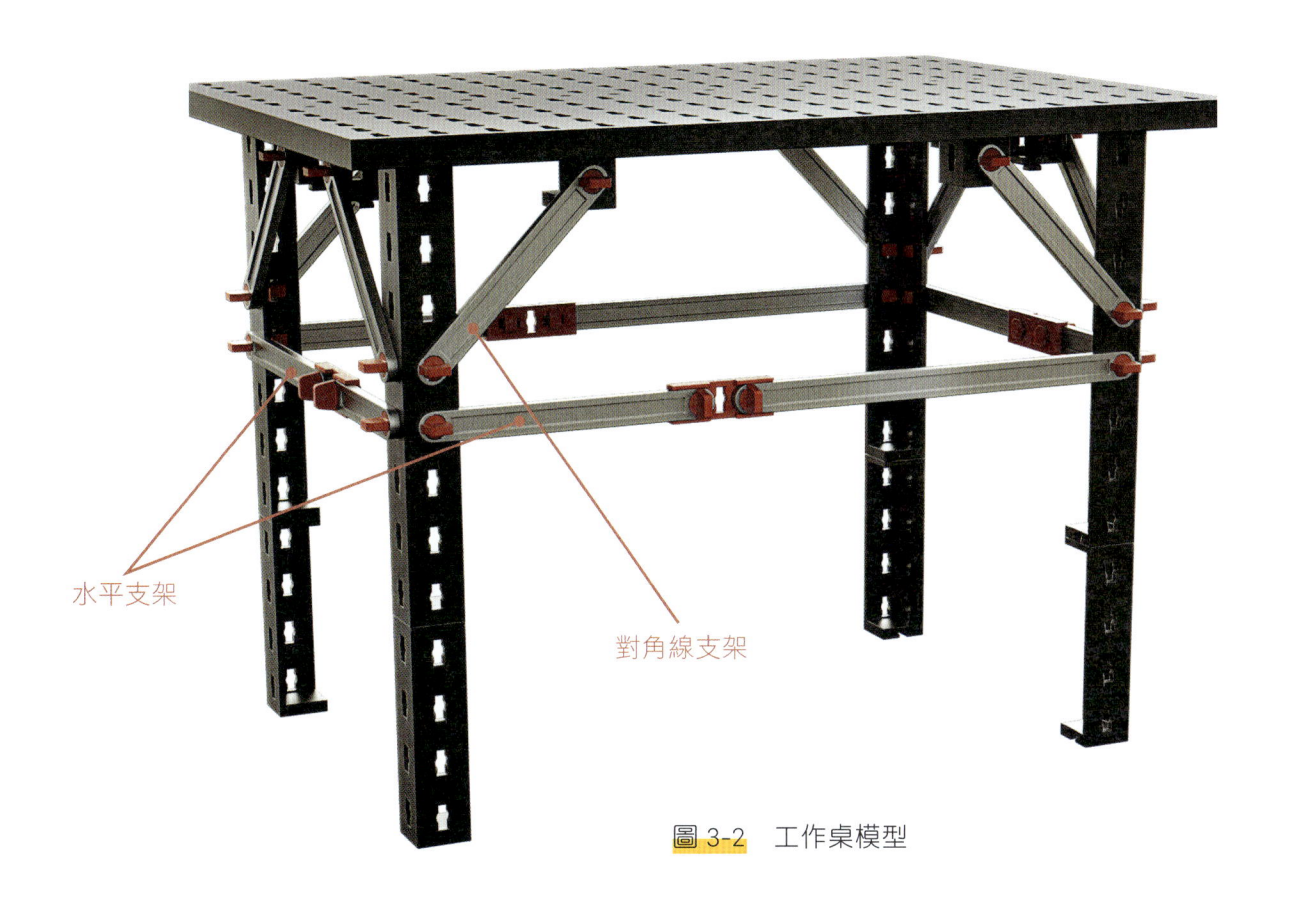

單元 3　工作桌　27

水平支架

對角線支架

圖 3-2　工作桌模型

3 工作桌的力學分析

在圖 3-3 中，當工作桌受到外力的作用，如果沒有水平支架提供向內的拉力（綠色箭頭表示），此時四支腳架容易向外滑動張開（橘色箭頭表示），對角線支架把桌面與桌腳緊緊地拉合在一起（藍色箭頭），如圖 3-4 所示，形成一個穩定的結構形狀。

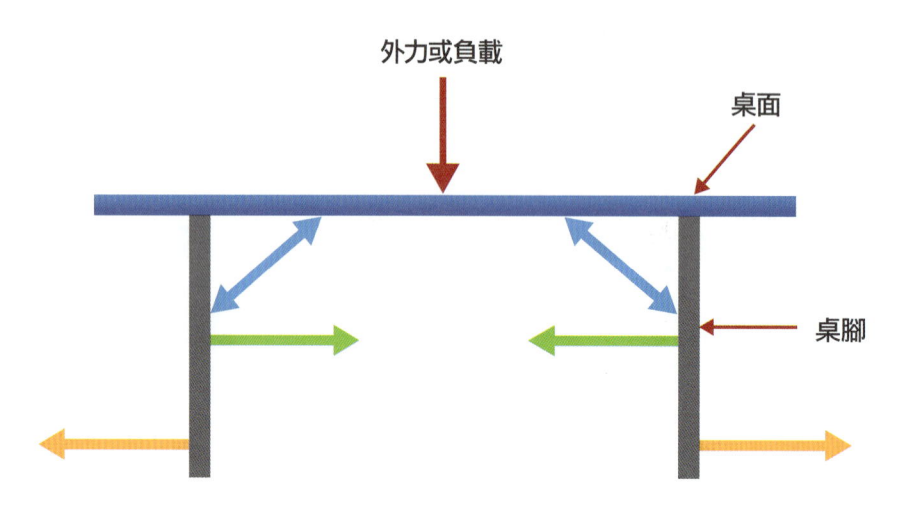

圖 3-3　工作桌受力／負載作用分析圖

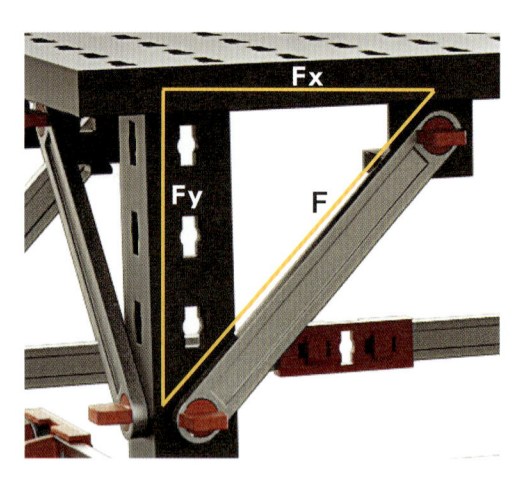

圖 3-4　對角線支架把桌面與桌腳彼此拉合在一起，形成穩定的結構

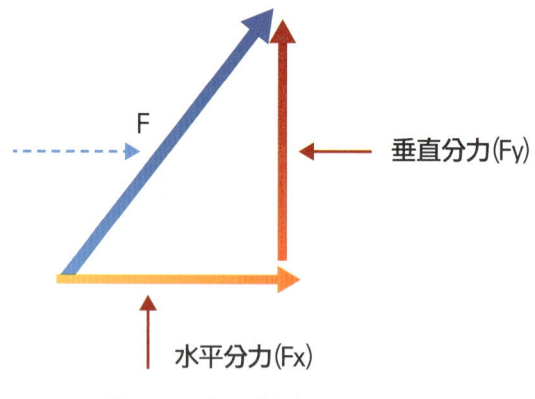

圖 3-5　對角線支架受力分析

4 工程實驗

1. 如果把所有水平與對角線支架移除，用手搖晃桌子，以及在桌面放置一個重物，再次搖晃桌子，觀察會有什麼現象發生？

2. 把所有支架重新裝好，再把重物放在桌面並用手搖晃，現在的桌子穩定嗎？

5 實驗結果

1. 當支架移除後，再用手搖晃桌子，整個工作桌會產生嚴重晃動，當桌面放置重物再搖晃，晃動會更明顯。

2. 維持桌子的結構特性，就在那些對角線支架。對角支撐使桌子在縱、橫兩邊都能穩固，桌子的結構包括對角支架和水平支架，桌腳之間的對角支架使框架受到壓力時都能保持穩固，這樣的三角形被稱為結構性三角形，在結構學裡，所有接合點都稱為節點（Node）。

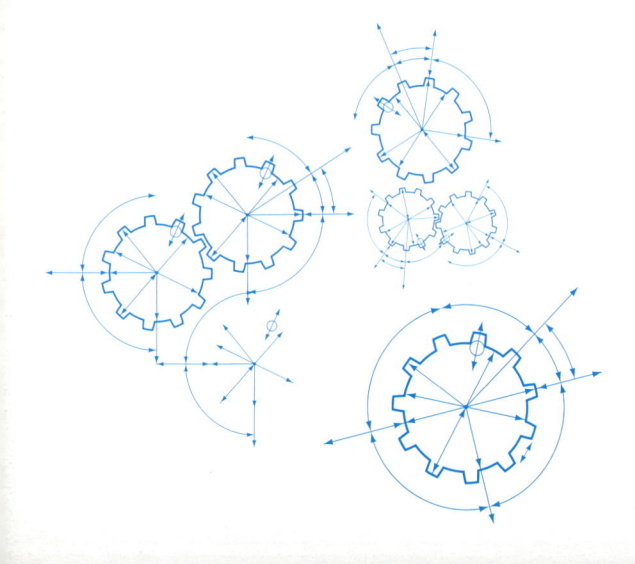

單元 4
梁橋

學習目標

1. 能瞭解梁橋結構
2. 能應用工程積木製作梁橋模型
3. 能知道梁橋的力學原理與分析
4. 能知道梁橋的缺點並有改善的方法
5. 能設計工程實驗流程並歸納結果

1 認識梁橋

　　古代的橋是以木材及石頭當作材料，羅馬人開始使用石材與黏土堆砌成拱橋，直到 1779 年，第一座由金屬打造的橋梁才在英國出現，之後由於工程技術的突飛猛進，1860 年開始有了混凝土發明，第二世界大戰後，由於開發出預力混凝土的技術，使橋的梁及柱變得更纖細。梁橋是一種高度剛性，橫跨在兩根橋墩（支柱）上的水平結構，它的源起是獨木橋，因為混凝土的密度很大，於是橋的自重便形成嚴重的負荷，所以現代的工程會使用箱梁、工字型鋼、桁架結構以減輕重量，如同它早期的樣子，這種結構是橋梁結構中最簡單的一種。

　　什麼是梁呢？就是將一根細長的結構件，用適當的支柱支撐，藉此承受與軸線垂直之負荷，並減少產生彎曲的現象，稱之為梁（Beam）。

　　2009 年莫拉克颱風中，共沖毀了全台灣 41 座橋梁，這些橋全屬於跨距（Span）短、橋墩數多的梁式橋，其中只要一個橋墩被沖垮，橋梁就會斷裂，這個缺點，可由斜張橋或懸索橋改善。

圖 4-1　梁橋是台灣早期最常使用的建造工法

2 積木寫生—梁橋

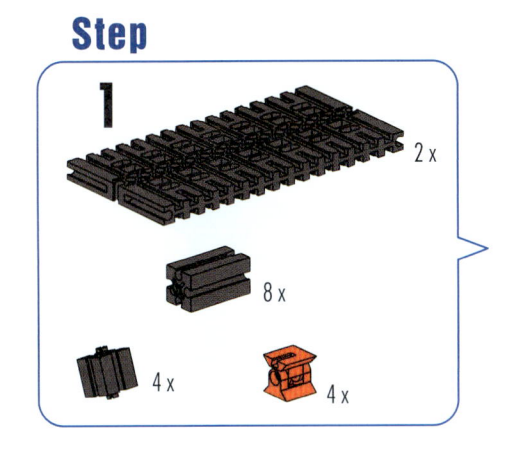

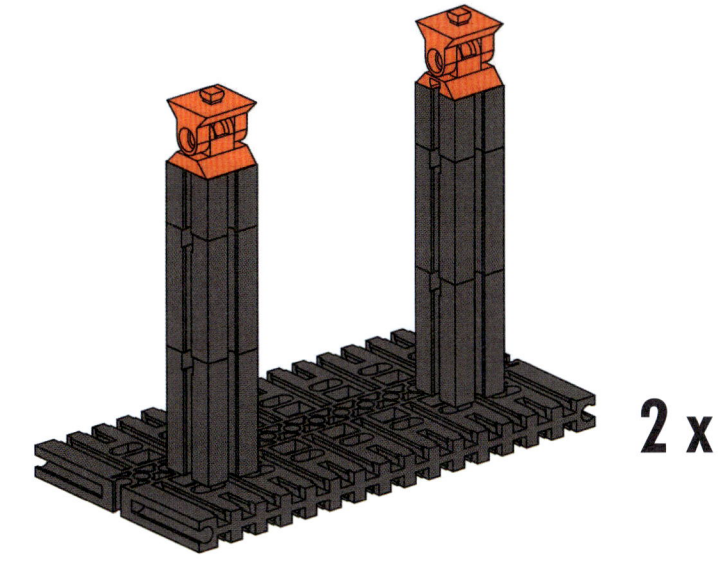

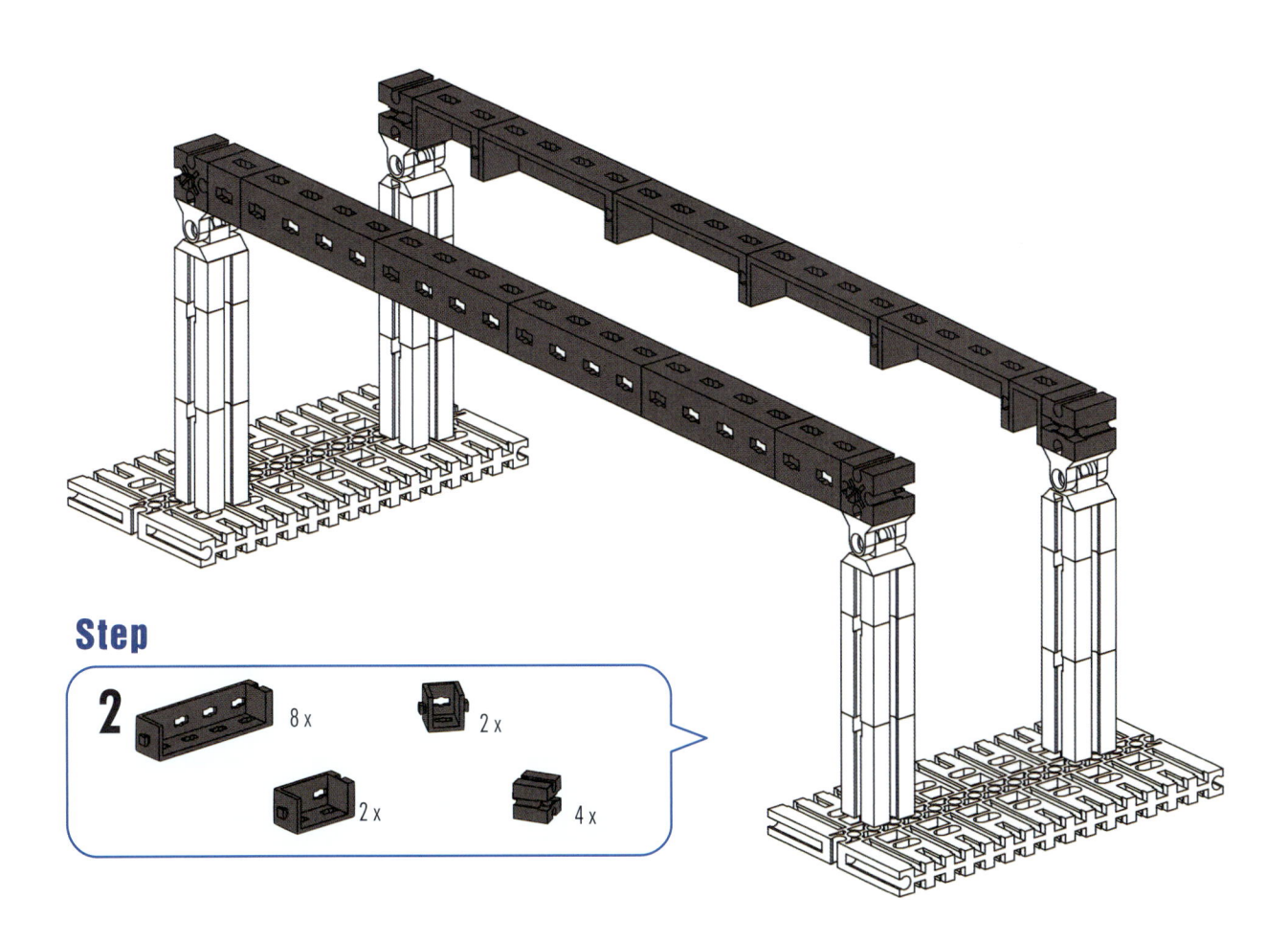

Step 1

2 x
8 x
4 x
4 x

2 x

Step 2

8 x
2 x
2 x
4 x

單元 4　梁橋　33

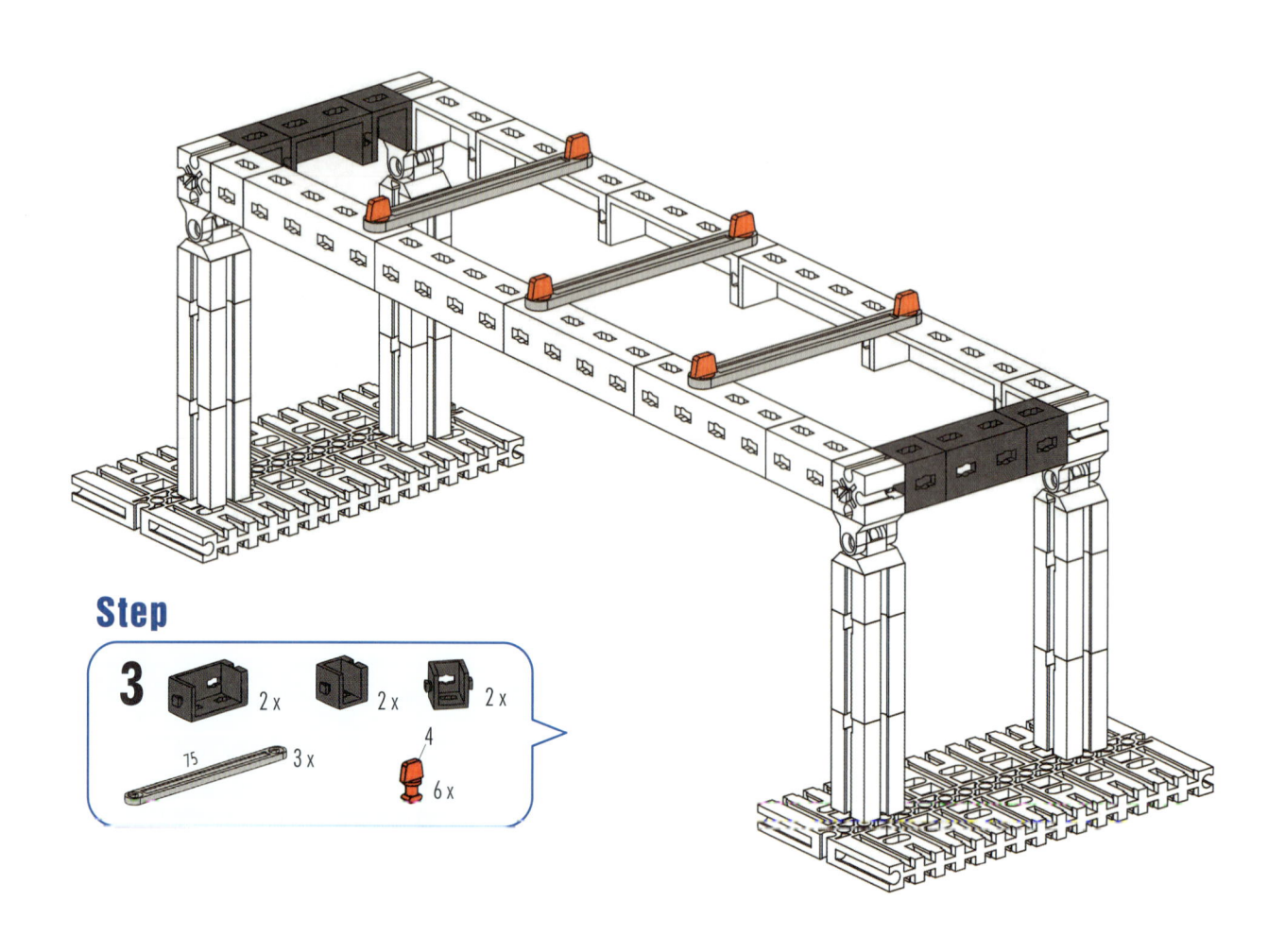

34　孩子的第一本工程科學 I
　　—使用 fischertechnik 工程積木學習結構與設計實務

Step 3
2x　2x　2x
75　3x
4
6x

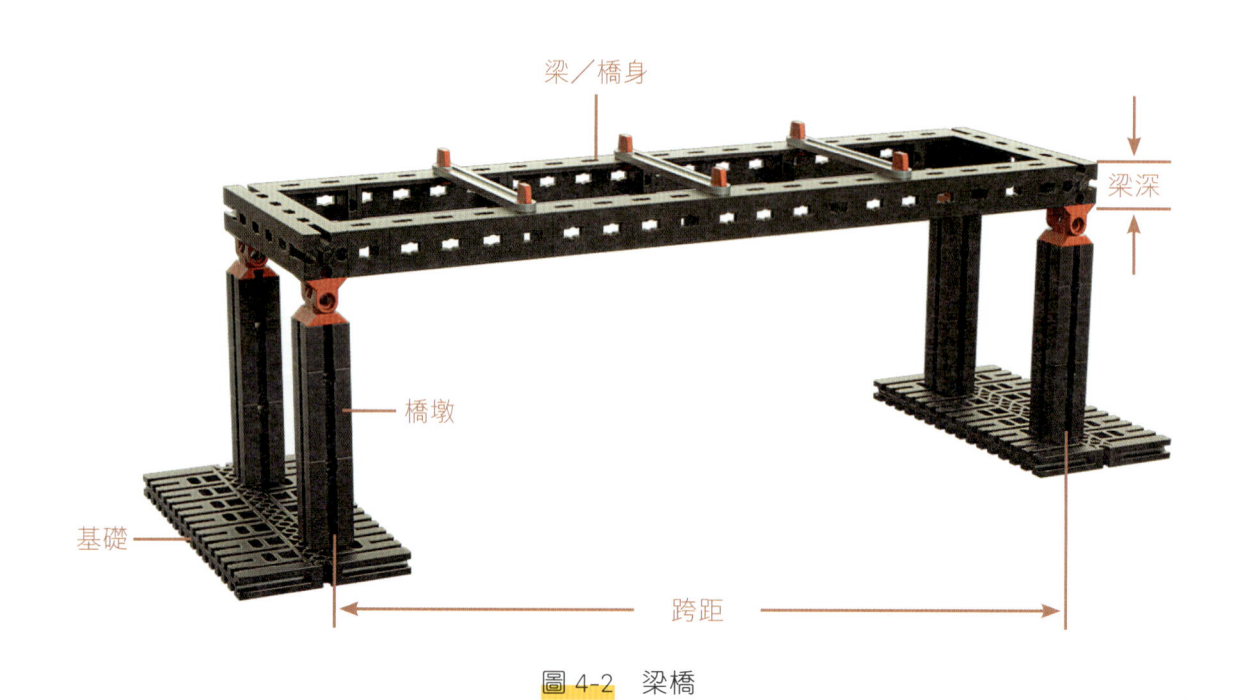

圖 4-2　梁橋

梁／橋身
梁深
橋墩
基礎
跨距

3 梁橋的力學分析

梁橋在橋面下固定很多根橋墩，台灣早期的公路多使用梁橋的設計，如圖 4-3 所示。它利用橋墩撐起橋梁的重量，其結構分「梁」與「柱」兩部分，人和車行走的空間屬於「梁」，橋墩則屬於「柱」，兩個橋墩中心線間的距離稱為「跨距」。

在圖 4-4 中，梁的上方受到壓力（橘色箭頭），下方則受到張力（藍色箭頭），橋墩則受到壓力作用。

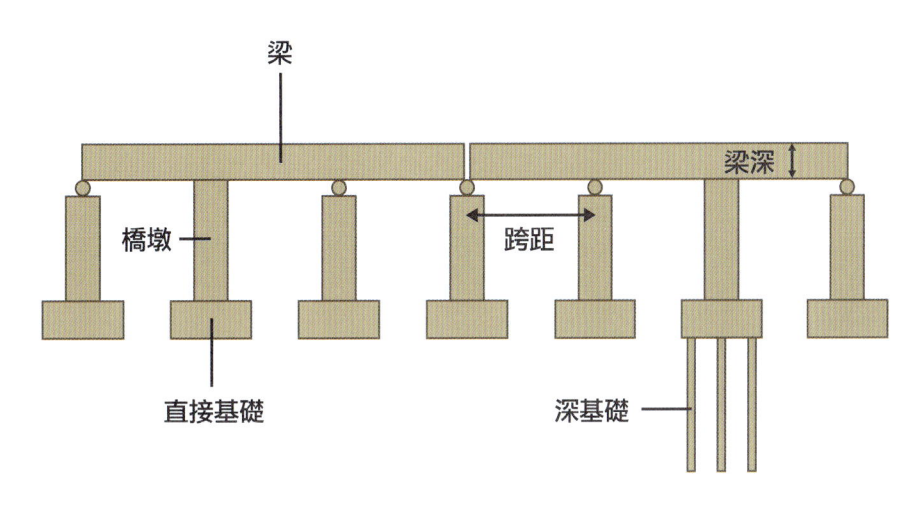

圖 4-3 梁橋各部位名稱

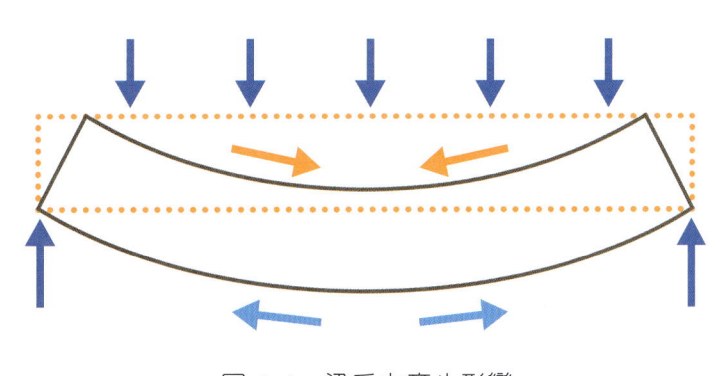

圖 4-4 梁受力產生形變

在圖 4-5a、圖 4-5b、圖 4-5c 中，分別是三種不同的混凝土設計，由於材料特性，混凝土所能承受的張力大約只有壓力的 $\frac{1}{10}$，因此純混凝土的梁放在橋墩上時，自身的重量會把梁／橋身壓彎曲，一旦橋身底部承受不了壓彎時所產生的張力就會產生裂縫，甚至斷裂。

為了增加混凝土橋的強度及跨距，一般會在混凝土內增加抗張強度比較好的鋼筋，但這樣的跨距還是太短，如果在混凝土內加入比鋼筋更強韌的鋼材，分別從兩側拉緊再固定於橋梁的兩端，便可使橋梁內部的結構更緊實，這樣能減少彎曲的幅度，而且不容易斷裂，這就是「預力」。預力混凝土橋的跨距已可達 200 公尺長，大約是鋼筋混凝土橋的 10 倍，可改善梁橋太多橋墩的缺點。

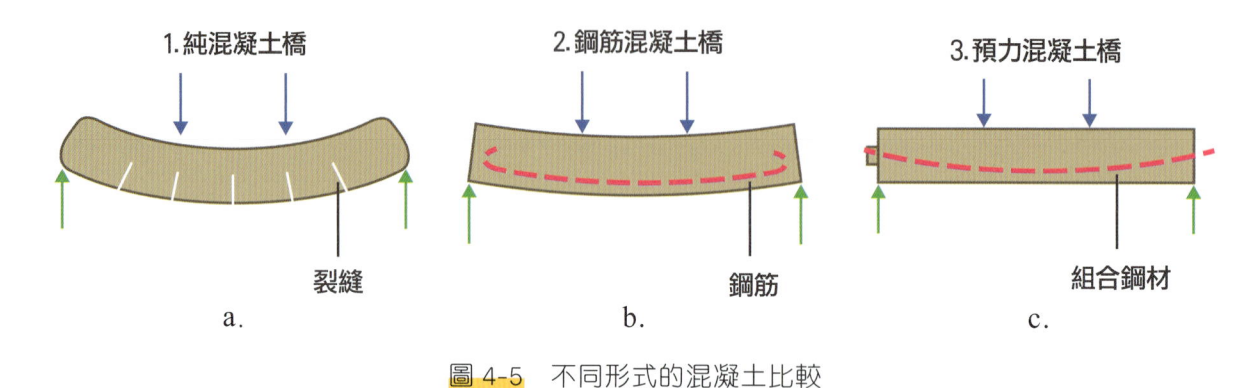

圖 4-5　不同形式的混凝土比較

4 工程實驗

1. 在圖 4-2 梁橋中間放一個重物，搖晃看看，這種橋能穩固嗎？

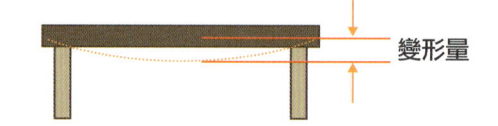

2. 把相同的負重放在圖 4-2 梁橋的橋身上方。觀察橫梁的彎曲程度，並使用工具測量並記錄下來。

3. 利用桿件，在四根橋墩與梁做對角線斜撐固定，再重複實驗 1 的步驟，梁的彎曲變形量是否能有所改善？

5 實驗結果

1. 圖 4-2 中的梁橋屬於簡易單薄的橋,最適用於低負重和跨度小的地方,如果兩個支撐點間的跨距較大時,這種橋梁便會不夠穩固。

2. 從實驗結果中發現,越接近中間點的位置,梁的彎曲變形量會越大。變形量依實際測量為主。

3. 當使用桿件做對角線斜撐後,梁的彎曲變形量變小了。

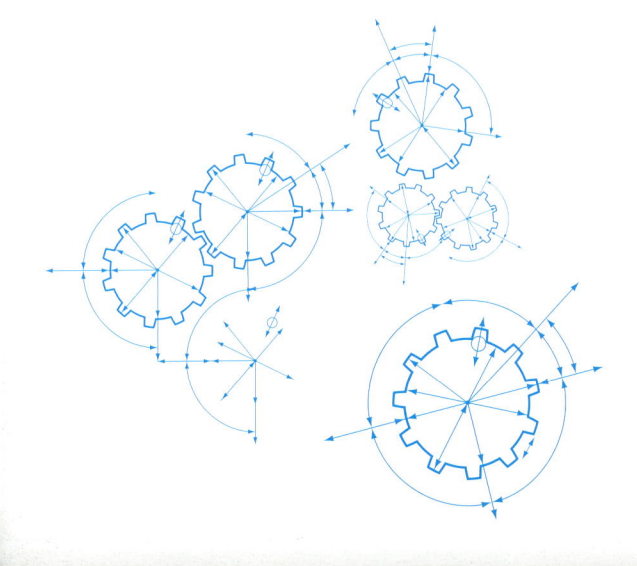

孩子的第一本工程科學 I
―使用 fischertechnik 工程積木學習結構與設計實務

單元 5
虹橋

⚙ 學習目標
1. 能瞭解虹橋結構
2. 能應用工程積木製作虹橋模型
3. 能知道虹橋的力學原理與分析
4. 能判斷虹橋桿件及拱骨的受力種類
5. 能設計工程實驗流程並歸納結果

1 認識虹橋

　　虹橋已有近千年的歷史，根據記載，五百多年前的李奧納多達文西（Leonardo da Vinci）也設計相同力學原理的橋梁，稱之為李奧納多拱橋（Leonardo's arched bridge），或自承載橋（Self-supporting bridge）。在中國隋朝時，李春便設計出了中國第一座拱橋，名為「趙州橋」，是中國獨特的一種造橋技術。虹橋因外型很像是天上的彩虹而得名，虹橋設計為了輕巧和方便施工，最大的特點是不使用橋柱及釘子，而是以比較短的木材組成拱骨，然後縱向與橫向相互交叉成卡榫，利用巧妙的結構設計，將上方的負重承載都平均向下和向外分擔，使得虹橋的負重結構十分穩定。當虹橋受到重力作用時，橋面的拱骨會藉由橫木把力分散到其他的拱骨。

圖 5-1　虹橋

2 積木寫生—虹橋

　　使用軸當作橫木，結構件當作拱骨，設計出古代的虹橋，如下圖所示，方法及外觀可以有很多種，可自行想像發揮。

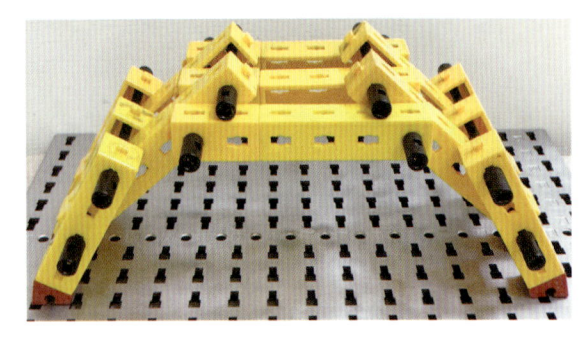

a. 虹橋正視圖 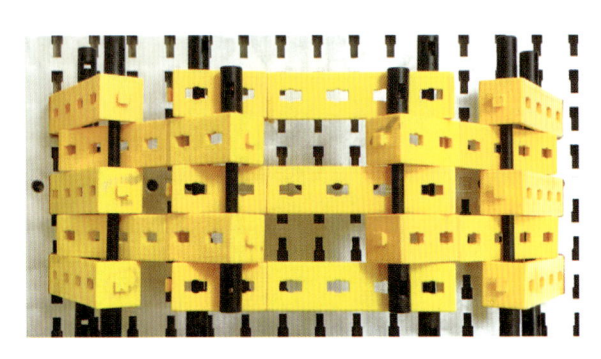　　　　　　　　　　　b. 虹橋俯視圖

圖 5-2　虹橋

3 虹橋的力學分析

當上層拱骨受到外力作用，橫木就像是支點，力及承載會經由橫木分散至下層各拱骨，橋的自重及承載，使得地面會提供反向支撐力，使虹橋更具有高度穩定性，及抵抗地震所造成的搖晃影響。

取圖 5-2a 左側上半部做力學分析，如圖 5-3 所示，全部的力圖如圖 5-4 所示。拱骨不能太長，否則容易受到外力作用而斷裂，另外橫木同時受到上、下不同方向的力作用，會產生剪力（Shear force）破壞。

a. 虹橋橋體左上部截圖 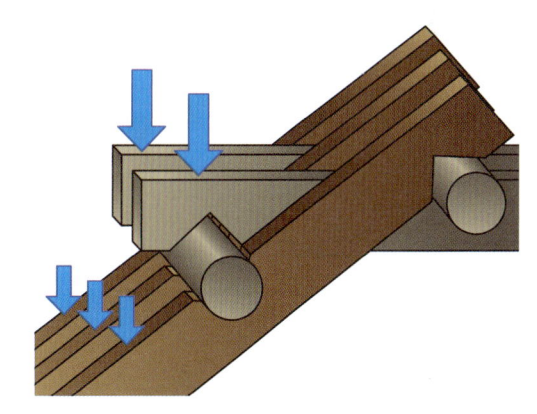　　　　　　　　b. 橫木及拱骨力圖分析

圖 5-3　虹橋

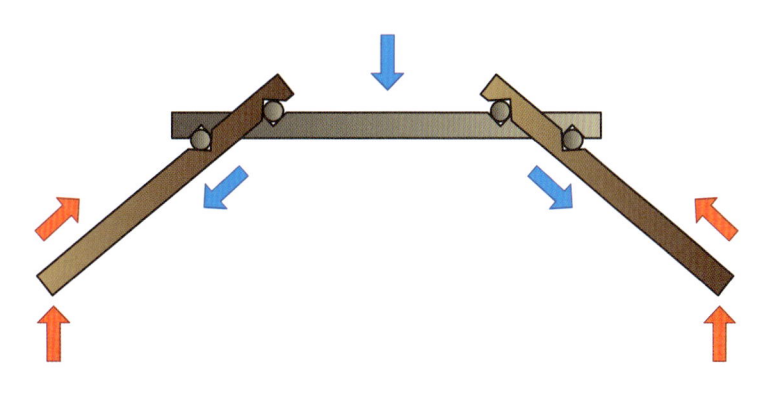

圖 5-4　橋的自重及承載，使得地面產向上的反向支撐力

4 工程實驗

1. 用手按壓圖 5-2 的虹橋，觀察虹橋有什麼變化？要如何能改善？
2. 跨距對虹橋的外觀有什麼影響？若拱骨太長，會有什麼缺點？

5 實驗結果

1. 當拱骨受力作用時，力會傳達給虹橋最底部的構件，導致向兩側滑動。可以在與地面接觸的地方，加裝基礎件產生反向推力，如下圖所示，以抵抗拱骨向外側移動，這就好像圖 1-40 中亞眠大教堂建築結構的石牆原理應用。

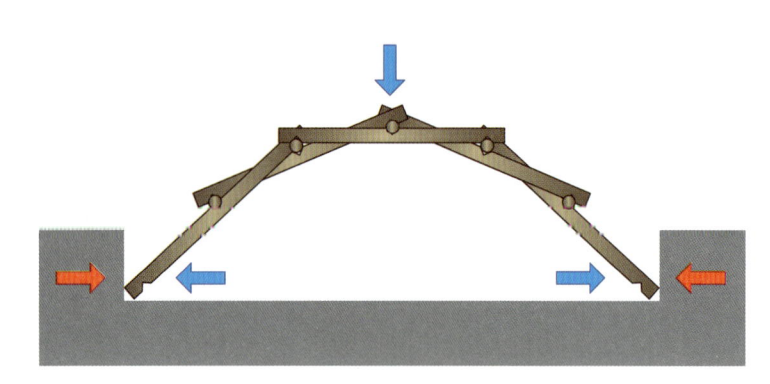

2. 在拱骨數量及長度相同之下，跨距短、高度大；跨度長、高度小，如下圖左所示。使用積木設計出的虹橋，可以輕易改變拱骨的長度及夾角，如果再配合木作，有事半功倍的效果。若拱骨太長，受力產生的變形量太大，容易斷裂，如下圖右所示。

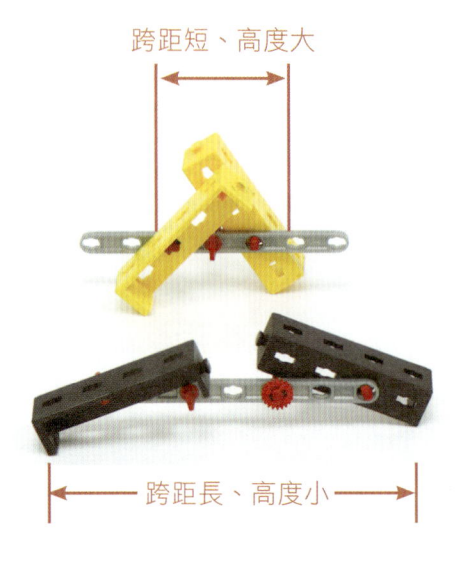

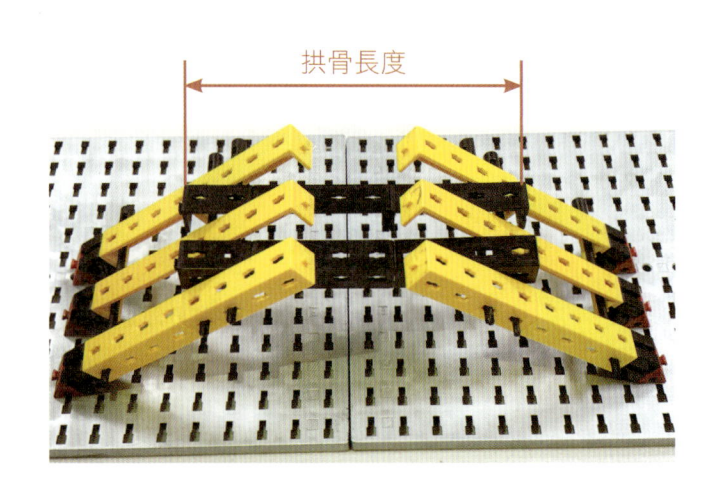

單元 6
桁架橋

⚙ 學習目標

1. 能瞭解桁架結構
2. 能應用工程積木製作桁架橋模型
3. 能知道桁架的力學原理與分析
4. 能判斷簡單桁架桿件的受力種類
5. 能設計工程實驗流程並歸納結果

1 認識桁架

我們常稱的"Truss"就是桁架，它源自於古法文"Trousse"，意思是指「許多東西連結在一起的集合」。現代 truss 則表示由許多元件組合的物體，例如屋頂上的橡架，在工程上桁架的定義，「桁架是許多結構件的末端互相連接形成三角形，可以再向外延伸很長的距離」。

三角形是最簡單的桁架，桁架常用在木製房子的屋頂，如圖 5-2 所示，由二根斜向的橡架及水平托梁組成一個基本單位，具有形狀的穩定性，自行車車架，就是生活中簡易桁架的例子。

圖 5-1 桁架橋

圖 5-2 常用於屋頂的簡單桁架

一般桁架可分為三類，又依外形不同，可分為單柱式與雙柱式桁架，如圖 5-3、圖 5-4 所示。

(1) **簡單桁架**：三根桿件組成一個三角形的基本桁架。
(2) **合成桁架**：由兩個或兩個以上的桁架連接而成。
(3) **複雜桁架**：凡不屬於簡單或合成的桁架稱之。

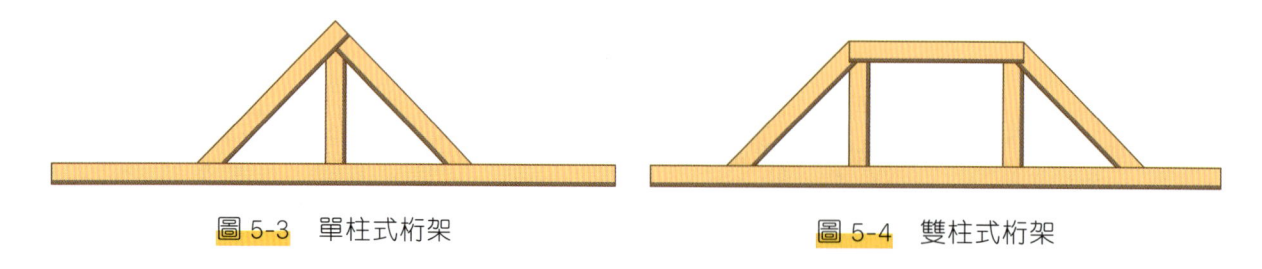

圖 5-3 單柱式桁架

圖 5-4 雙柱式桁架

2 積木寫生—桁架橋

1. 請參考下列步驟並改良單元 4 的梁橋,變成底橫梁式桁架橋梁,如 p.46 圖 5-5 所示。

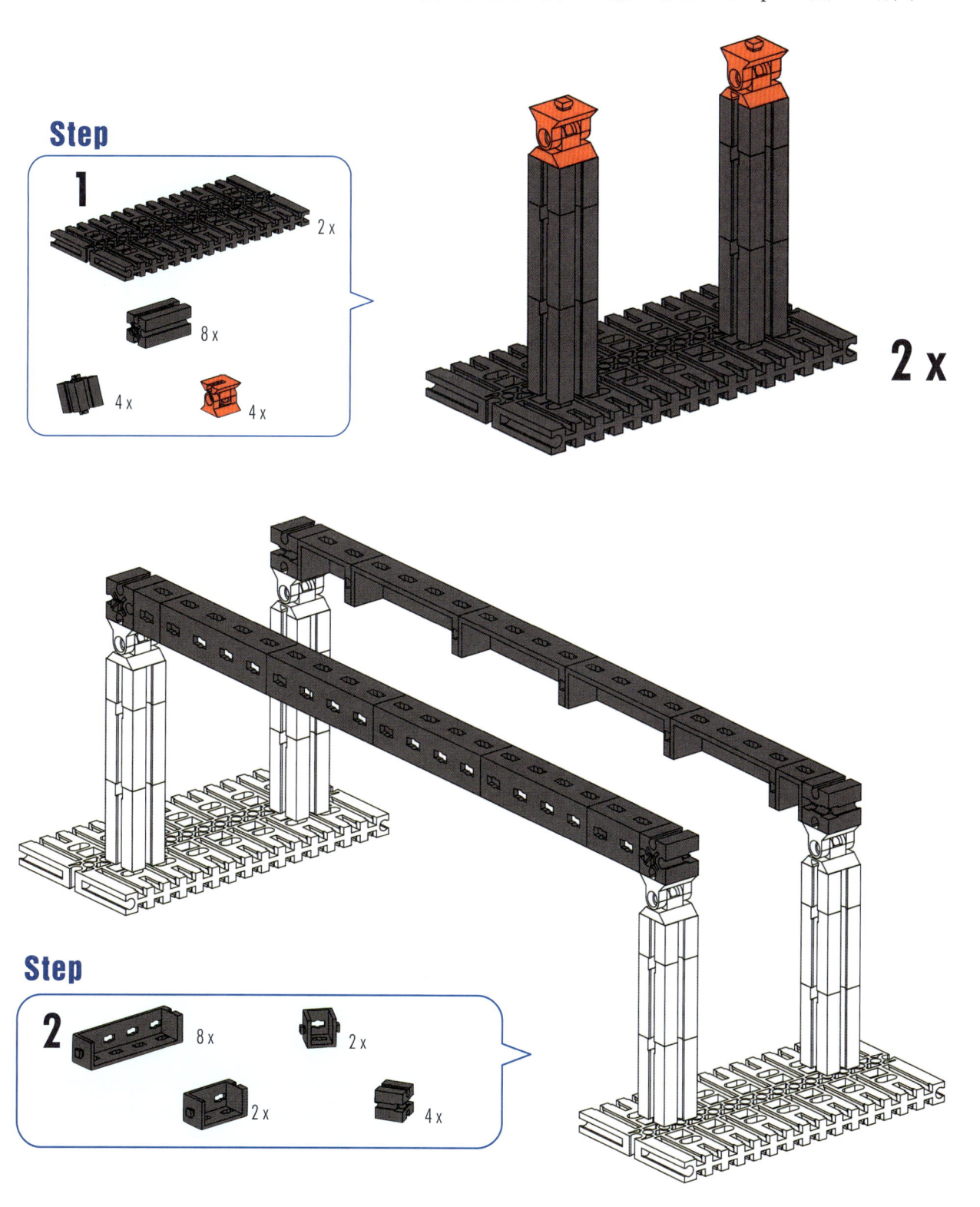

Step 1

2 x
8 x
4 x
4 x

2 x

Step 2

8 x
2 x
2 x
4 x

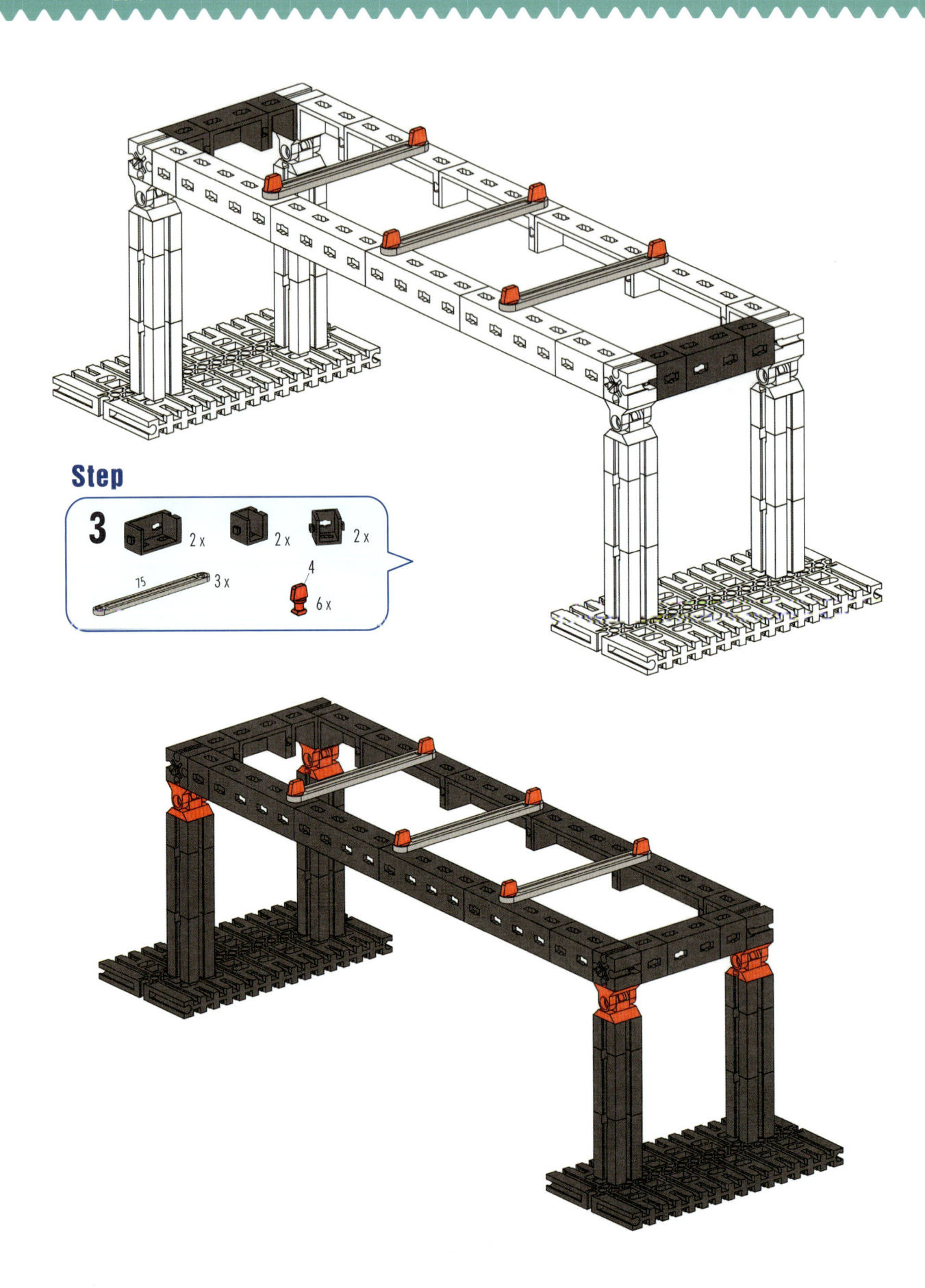

46　孩子的第一本工程科學 I
　　—使用 fischertechnik 工程積木學習結構與設計實務

Step 3

2 x　2 x　2 x
75　3 x
4
6 x

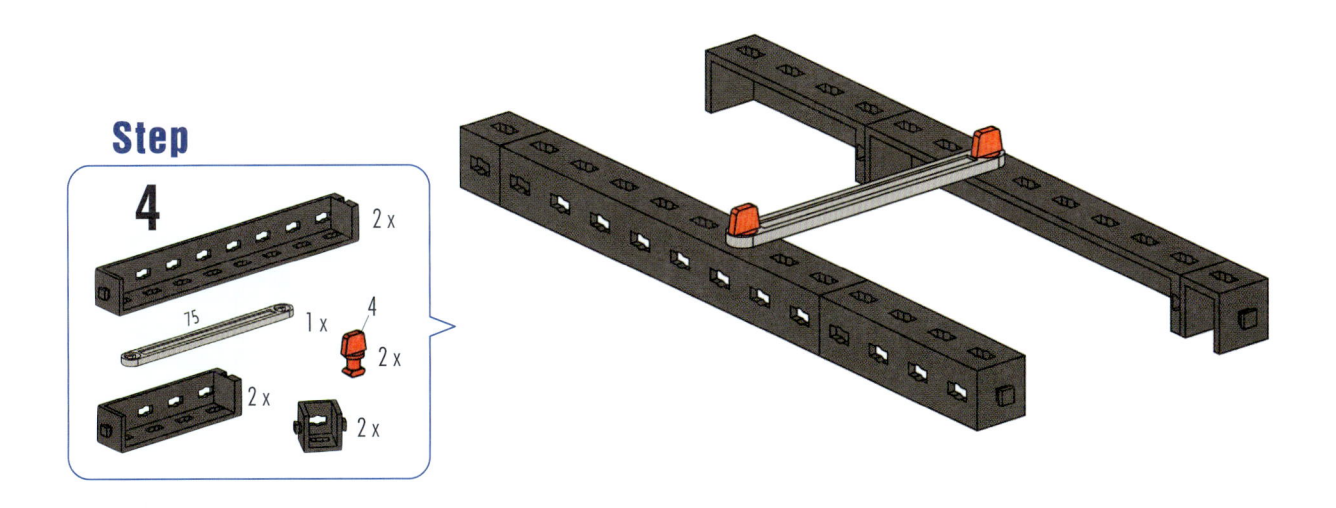

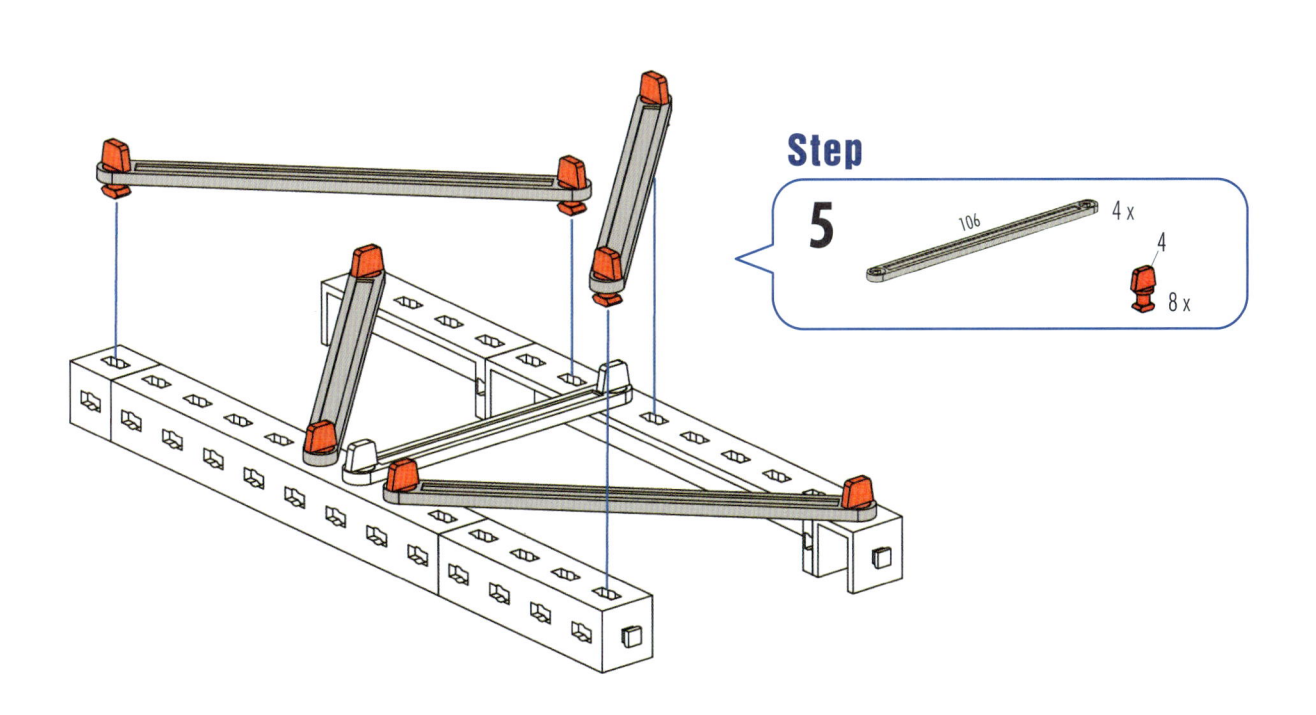

單元 6 桁架橋 47

Step 4

Step 5

Step 6 45 6x   4 12x

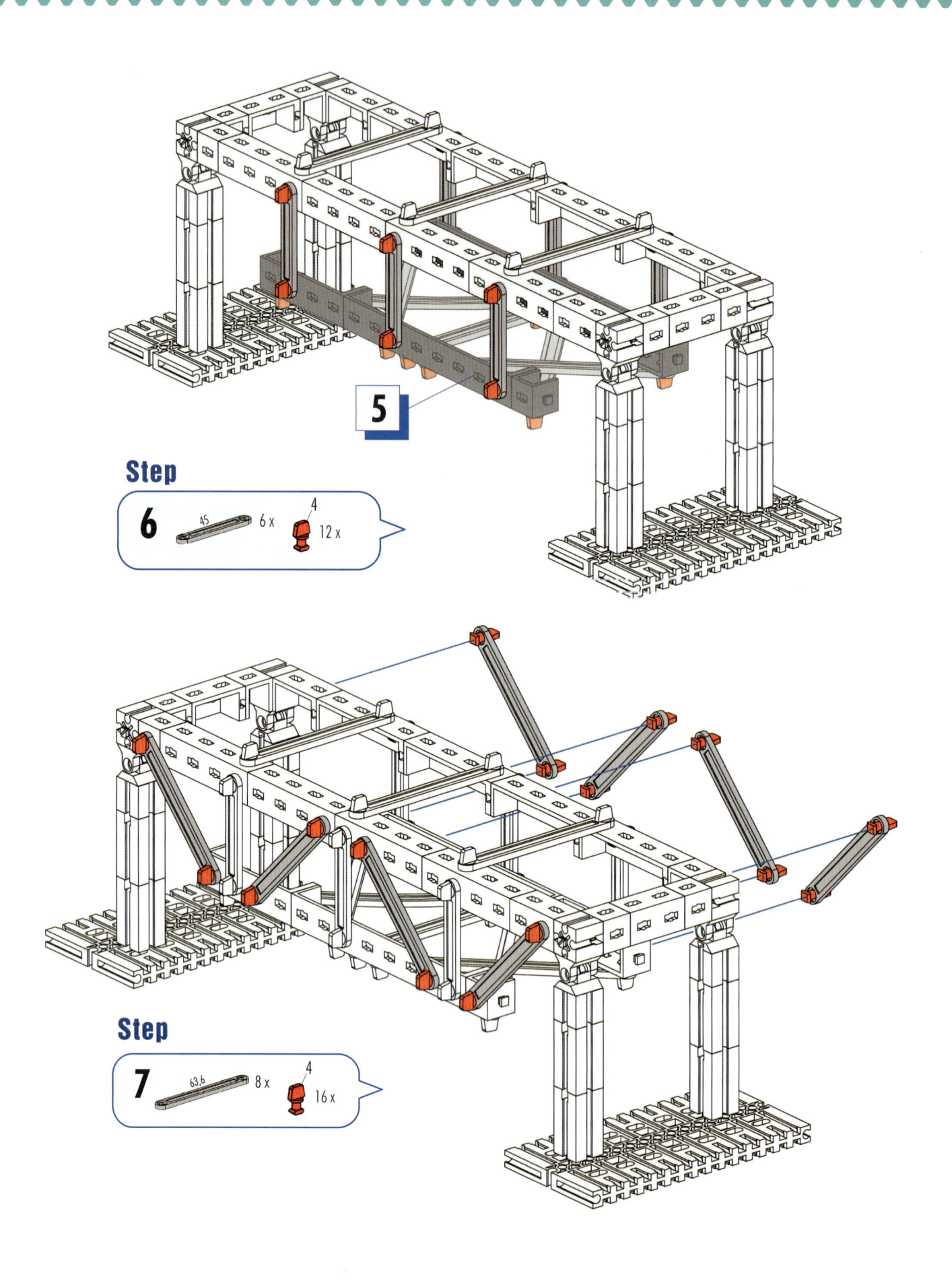

Step 7 63,6 8x   4 16x

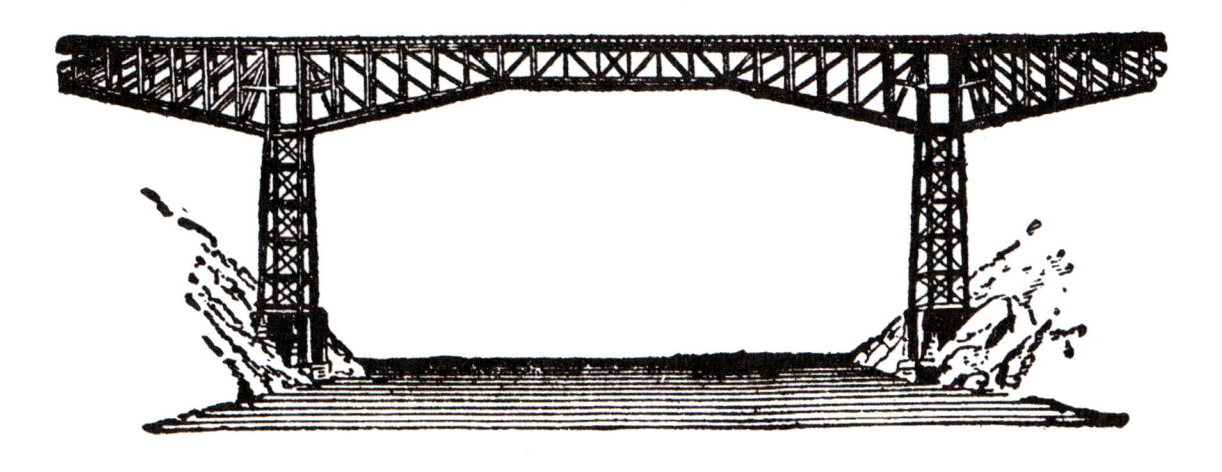

圖 5-5　底橫梁式桁架橋

2. 請參考下列步驟，將圖 5-5 的底橫梁式橋梁，改裝成頂橫梁式桁架橋，如圖 5-6 所示。

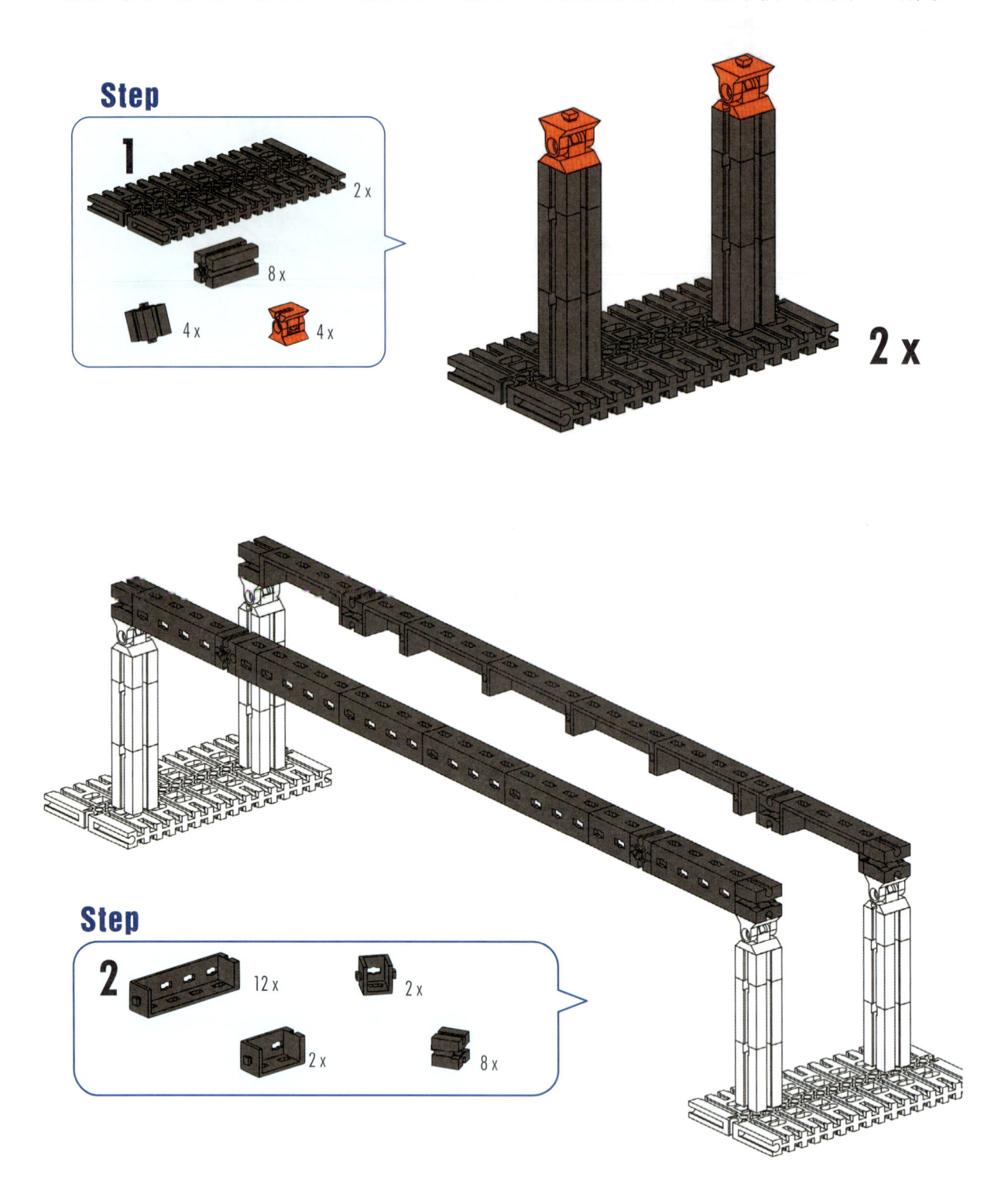

Step 1

2 x
8 x
4 x
4 x

2 x

Step 2

12 x
2 x
2 x
8 x

單元 6 桁架橋 51

Step 3

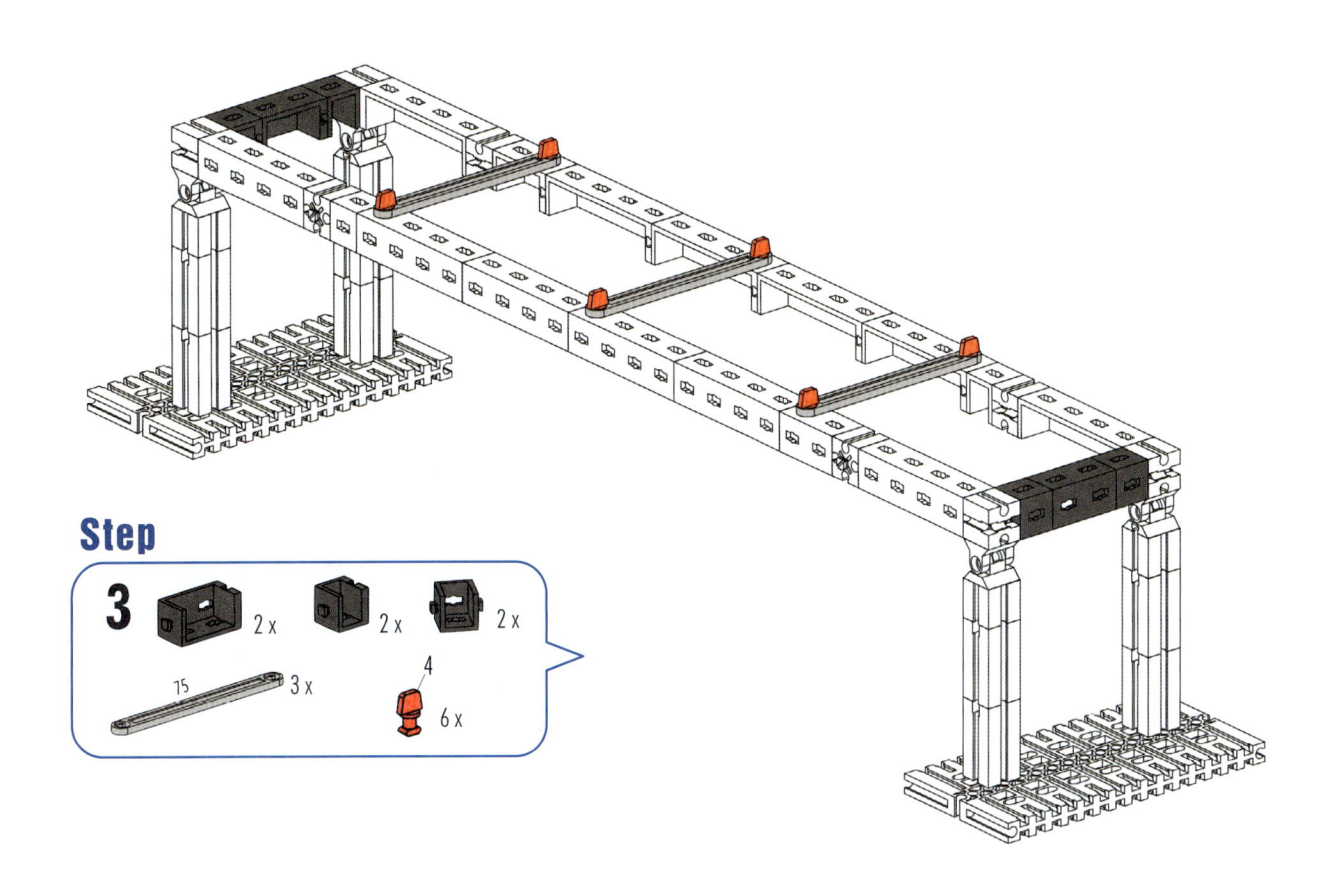

2 x, 2 x, 2 x
75　3 x
4
6 x

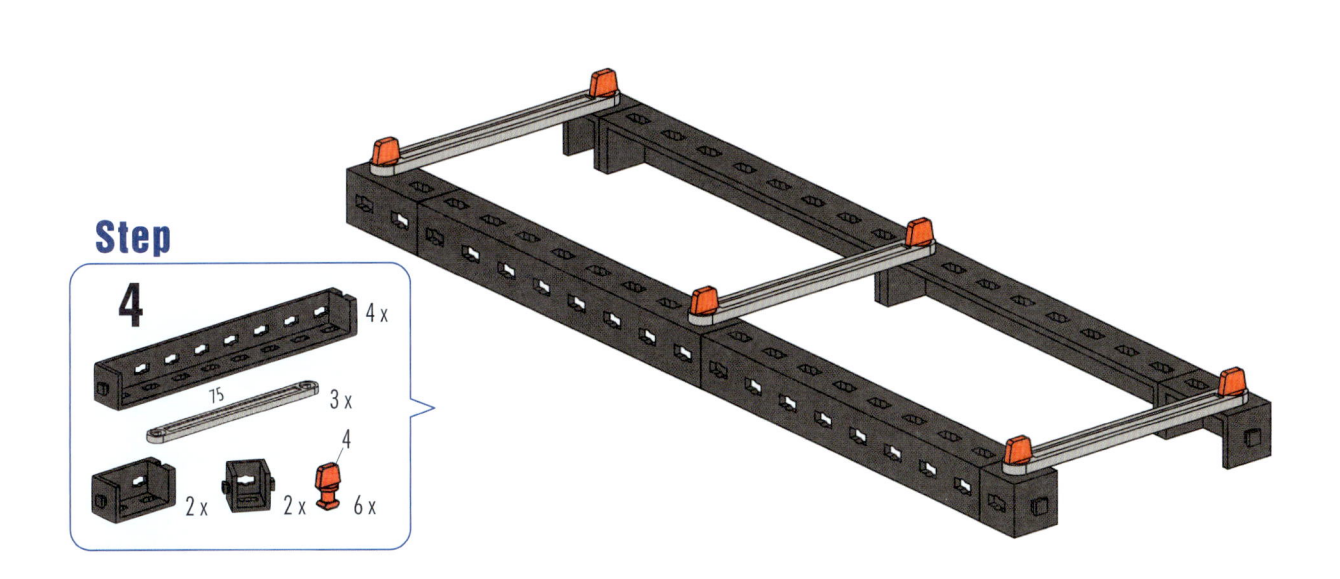

Step 4

4 x
75　3 x
2 x, 2 x
4
6 x

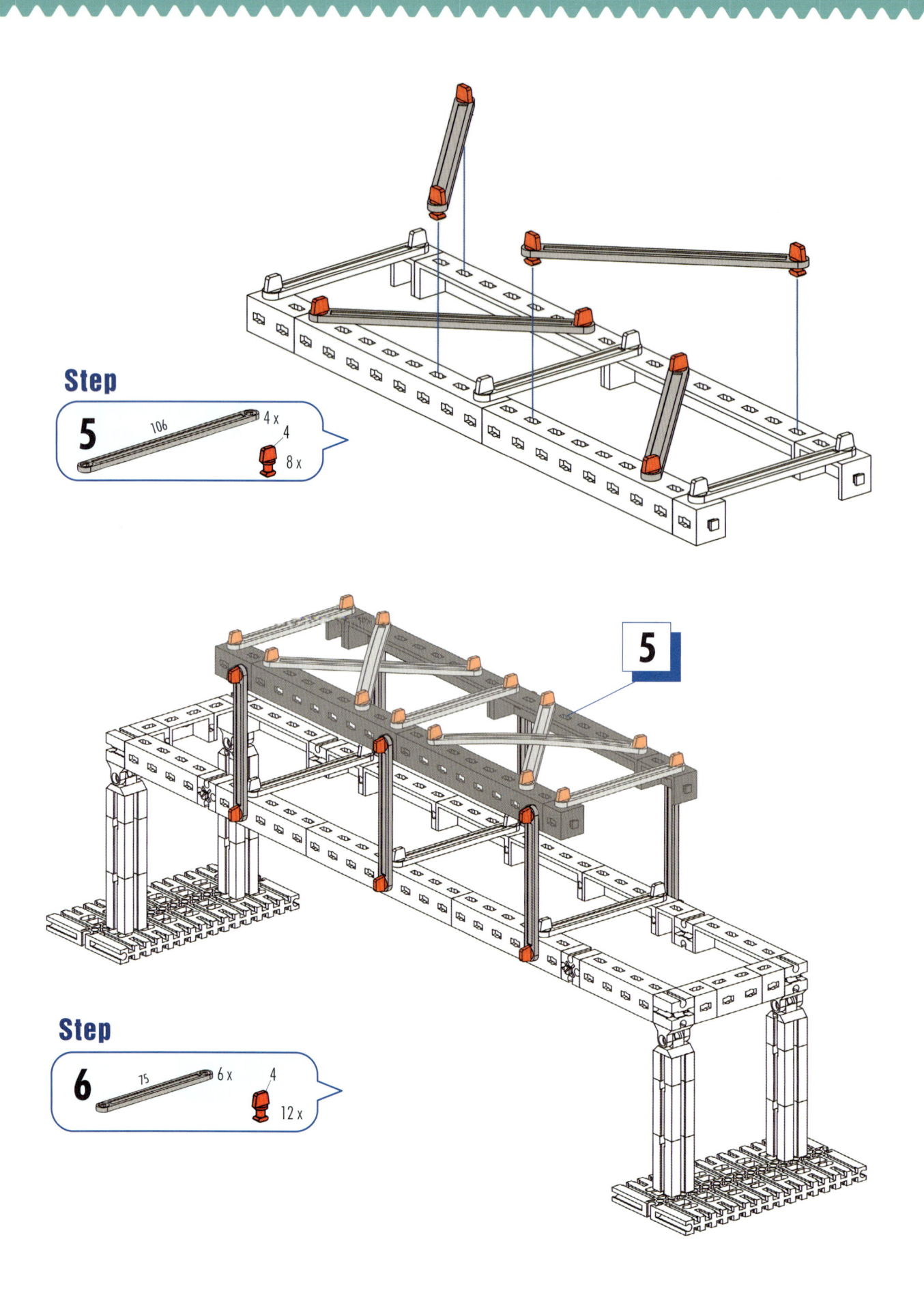

52　孩子的第一本工程科學 I
　　─使用 fischertechnik 工程積木學習結構與設計實務

Step 5
106　4 x 4
8 x

Step 6
75　6 x 4
12 x

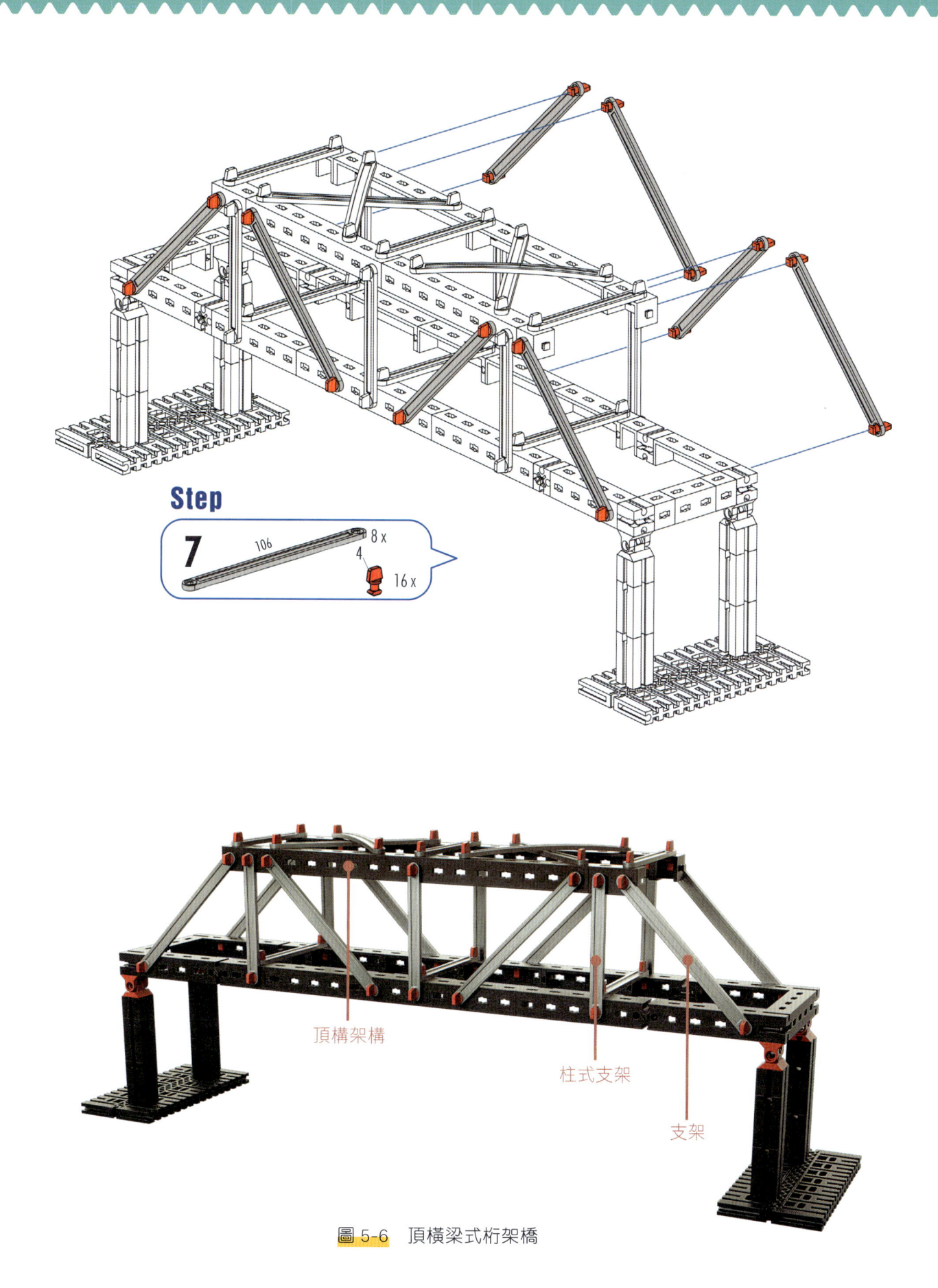

單元 6　桁架橋　53

Step

7　106　8 x
　　4　16 x

圖 5-6　頂橫梁式桁架橋

頂構架構

柱式支架

支架

3 桁架的力學分析

桁架的種類有許多種，因本書定位在建立中、小學生對工程學的素養，所以不會提到任何計算問題，只要能判斷即可。

在圖 5-7 中，用一個簡單桁架做範例說明。簡單桁架的意思就是外力 P 對稱，反力 P' 也對稱，同時桿件的內力也會對稱，即拉力與壓力同時相對發生，作用於桁架的外力會在同一平面，且都在節點上，每一根桿件皆為二力桿件（受張力或壓力），桿件為剛體（一個物體受到外力作用，任兩點的距離不會改變），節點的摩擦力為 0，重量也可忽略不計。

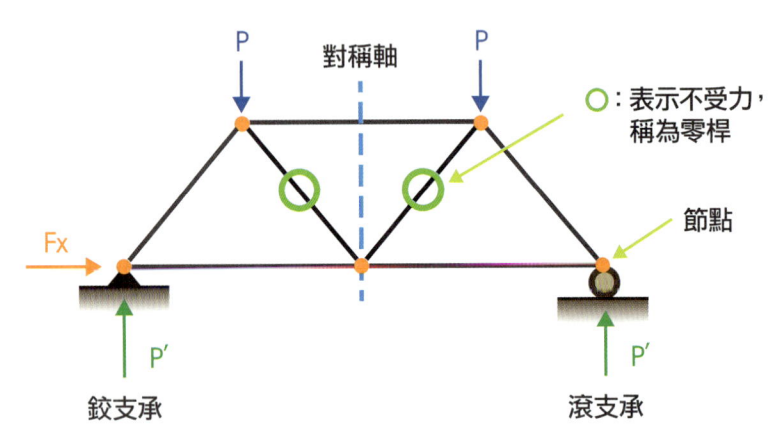

圖 5-7　簡單桁架之一

在圖 5-7 和圖 5-8 整個系統中，因無受到水平的外力作用，所以 Fx = 0，當桁架支撐為滾支承，則只會有 Y 軸的反力；如果是鉸支承，則在做力的分析時，會有 X 軸與 Y 軸的分力。

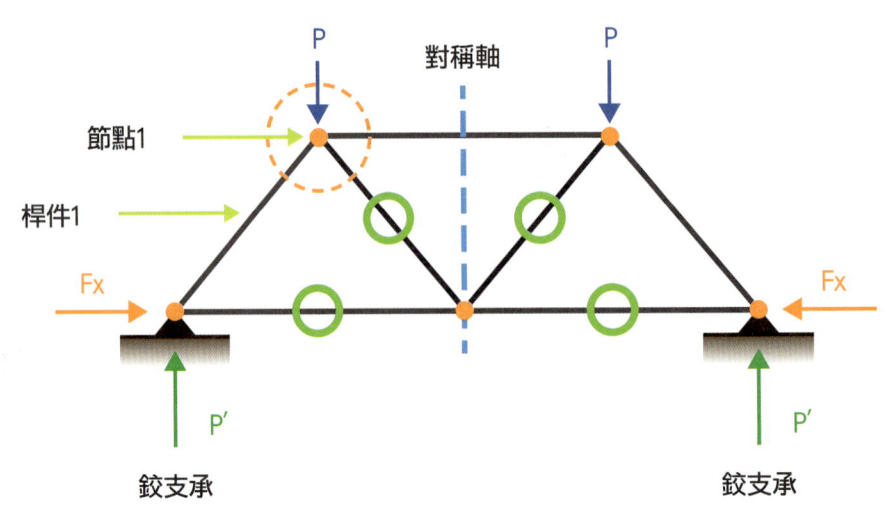

圖 5-8　簡單桁架之二

那要如何判斷一根桿件是受到哪一種應力作用呢？當桿件受到張力（藍色箭頭），力會遠離節點；當受到壓力（紅色箭頭），則力會靠近節點，如圖 5-9 所示。

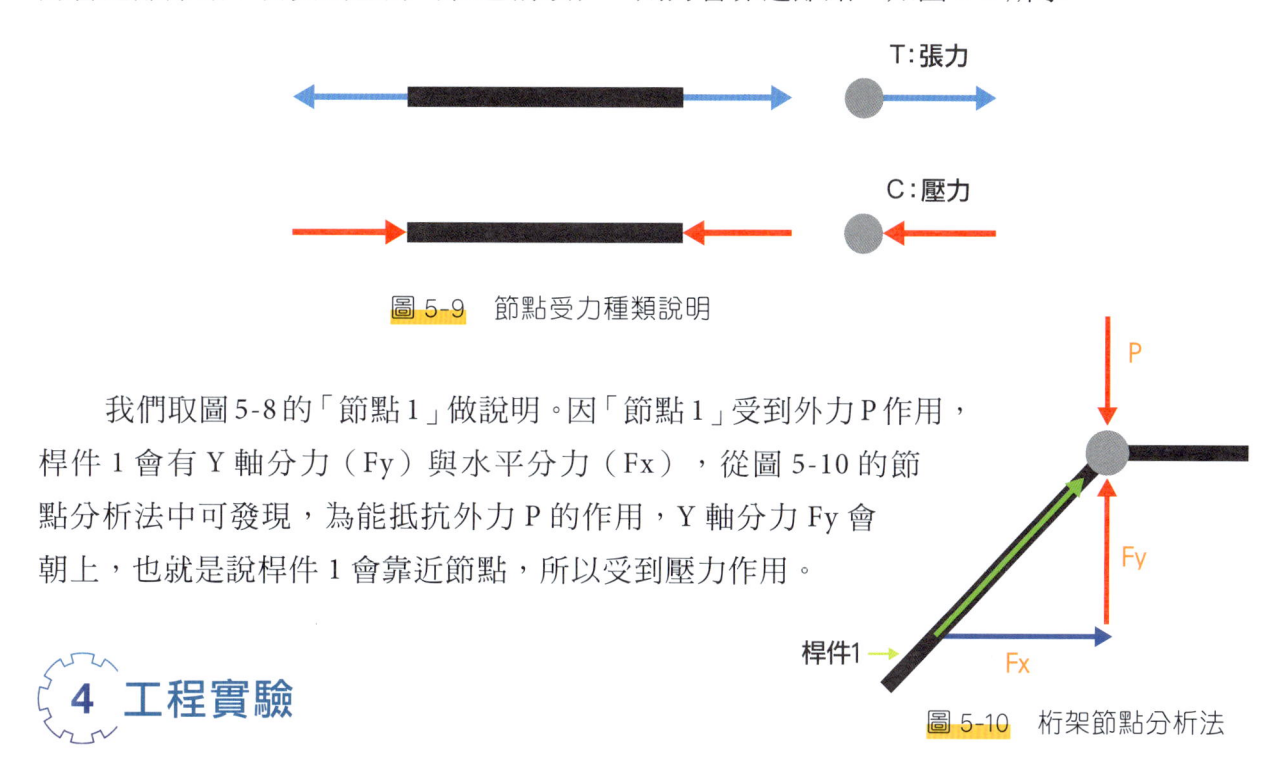

T：張力

C：壓力

圖 5-9　節點受力種類說明

我們取圖 5-8 的「節點 1」做說明。因「節點 1」受到外力 P 作用，桿件 1 會有 Y 軸分力（Fy）與水平分力（Fx），從圖 5-10 的節點分析法中可發現，為能抵抗外力 P 的作用，Y 軸分力 Fy 會朝上，也就是說桿件 1 會靠近節點，所以受到壓力作用。

圖 5-10　桁架節點分析法

4　工程實驗

1. 把相同的配重物放置在兩個不同種類的桁架橋中間，和單元 4 的梁橋比較一下，觀察桁架橋橫梁的彎曲程度，變形量是否與梁橋有所不同？

2. 把圖 5-5 的底橫樑式桁架橋梁，與圖 5-6 的頂橫樑式桁架橋梁跨距加大，再放置相同的配重物在橫梁上相同位置，觀察哪一座橋的橫梁彎曲程度比較小。

5　實驗結果

1. 透過負重實驗，你會發覺圖 5-5 這種橋梁非常穩固，能夠承受很大的擠壓力（Compressive forces）。這種橋梁的桁架結構（Truss structure），讓它適用於大負重，但跨距不是太大的地方，如果希望能有大的跨距，懸索橋則是一個好的選擇，但不能抵抗較大的負重。底橫樑式橋樑與懸索橋只屬外形相似，但從結構的角度來看，它們是截然不同的橋梁。

2. 圖 5-6 這種橋梁的擠壓力不單只是傳送到鋼梁（Girder）上，亦會分配到各個部件。頂構架樑（Upper beam）包含一些交叉對角支撐條，連於附加部件的上方節點（Nodes）上，這些對角支撐條能防止橋梁扭動（Twisting）。

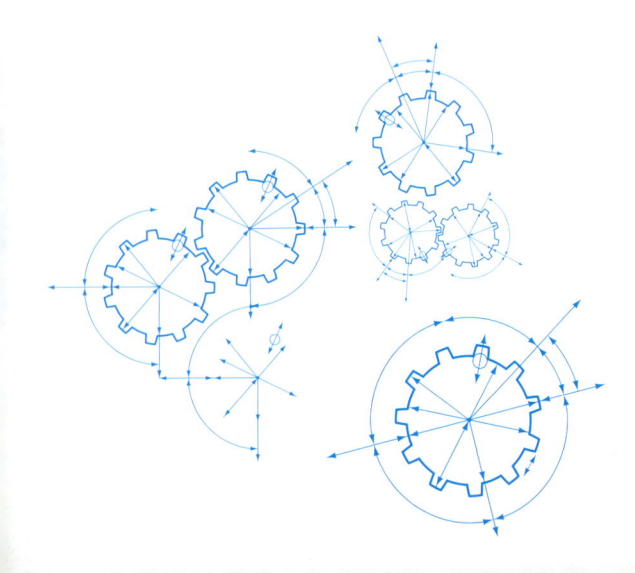

單元 7
斜張橋

⚙ 學習目標
1. 能瞭解斜張橋
2. 能應用工程積木製作斜張橋模型
3. 能知道斜張橋的力學原理與分析
4. 能判斷斜張橋部位的受力種類
5. 能設計工程實驗流程並歸納結果

1 認識斜張橋

斜張橋（Cable-stayed bridge），又稱斜拉橋，是指一種由一座或多座橋塔，與鋼纜組成拉起橋面的橋樑。

斜張橋可分為單塔、雙塔及多塔斜張橋，並以雙塔最為常見。兩個橋塔之間的跨距稱為斜張橋的主跨距，斜張橋之所以能節省材料與建造時間，是因為斜拉綱纜的物理與力學特性，使得橋的跨距可以很長，不用太多橋墩支撐，且可使梁變薄，以目前建造橋梁的技術，斜張橋的跨距可達 1000 公尺長。二次大戰後，由於鋼材短缺，使得許多工程師開始設計斜張橋。

圖 6-1　斜張橋

斜張橋的鋼纜排列方式可分為下列三種，如圖 6-2 所示。

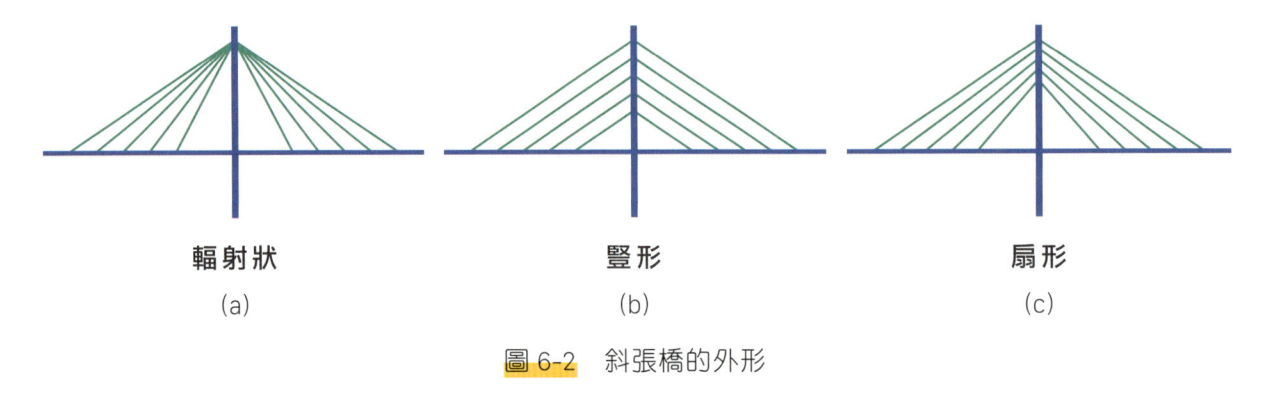

輻射狀
(a)

豎形
(b)

扇形
(c)

圖 6-2　斜張橋的外形

2 積木寫生─斜張橋

請參考下列步驟，依序完成斜張橋模型製作。

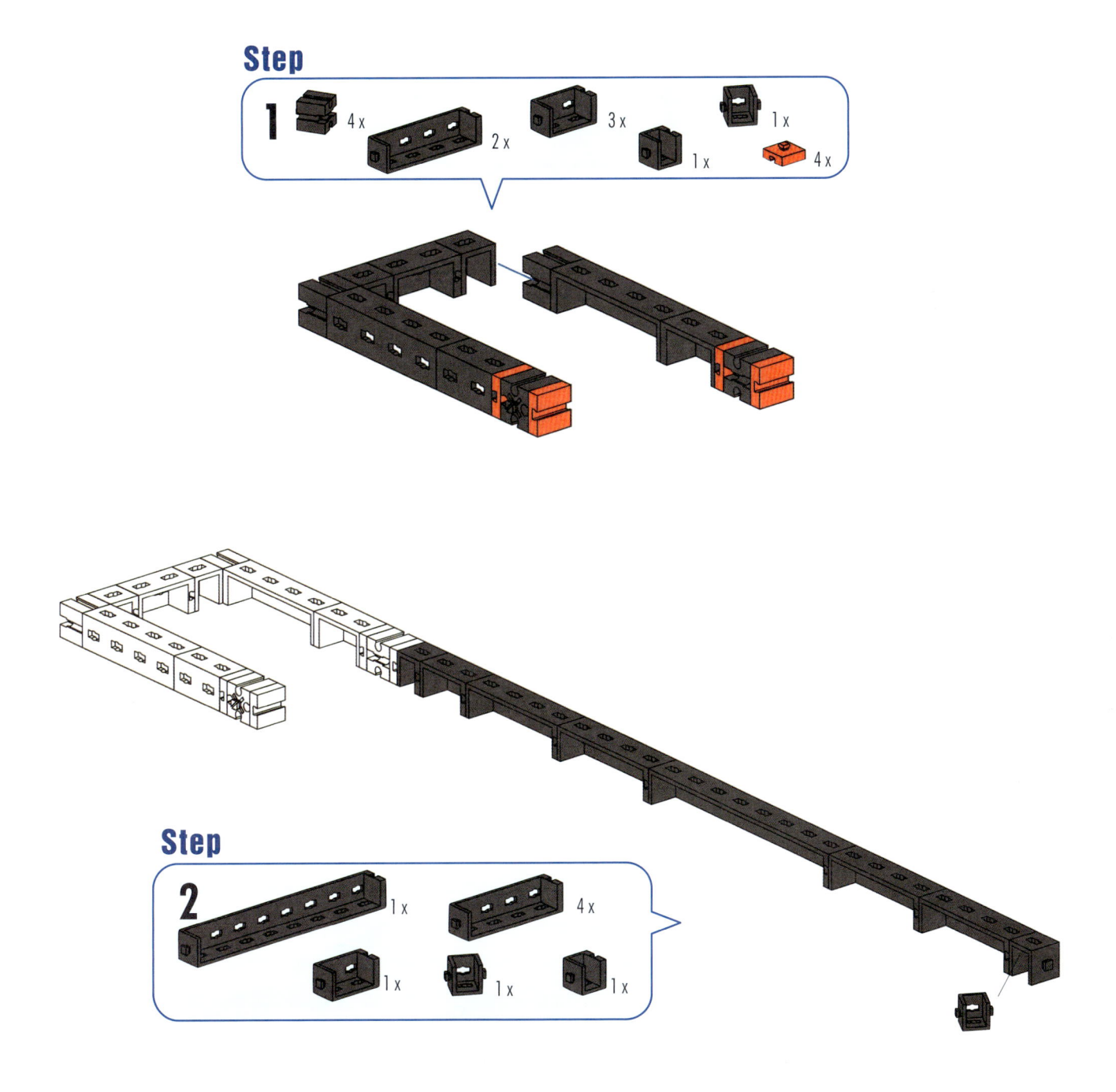

Step 1
4x　2x　3x　1x　1x　4x

Step 2
1x　4x　1x　1x　1x

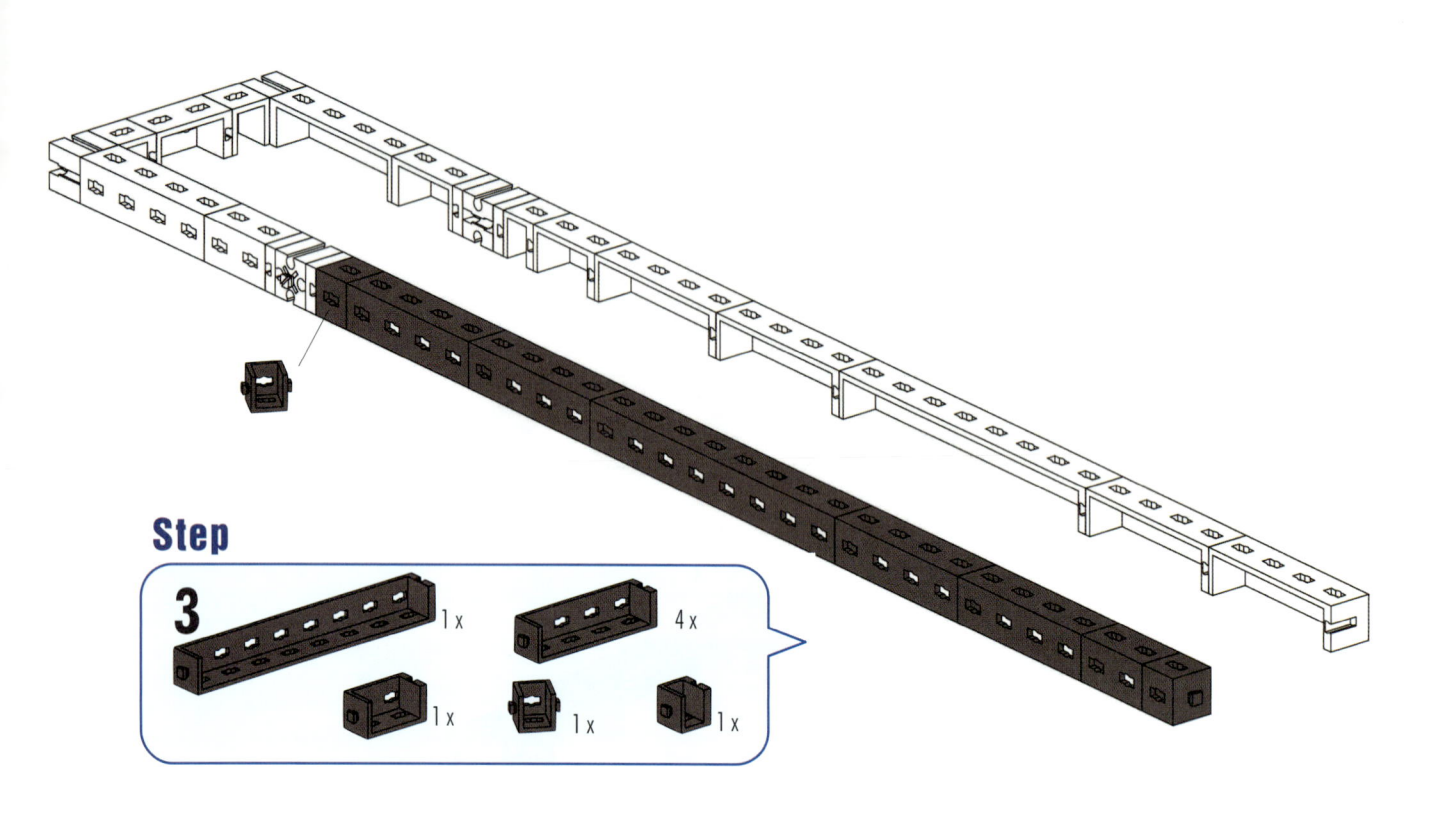

Step 3

1 x   4 x   1 x   1 x   1 x

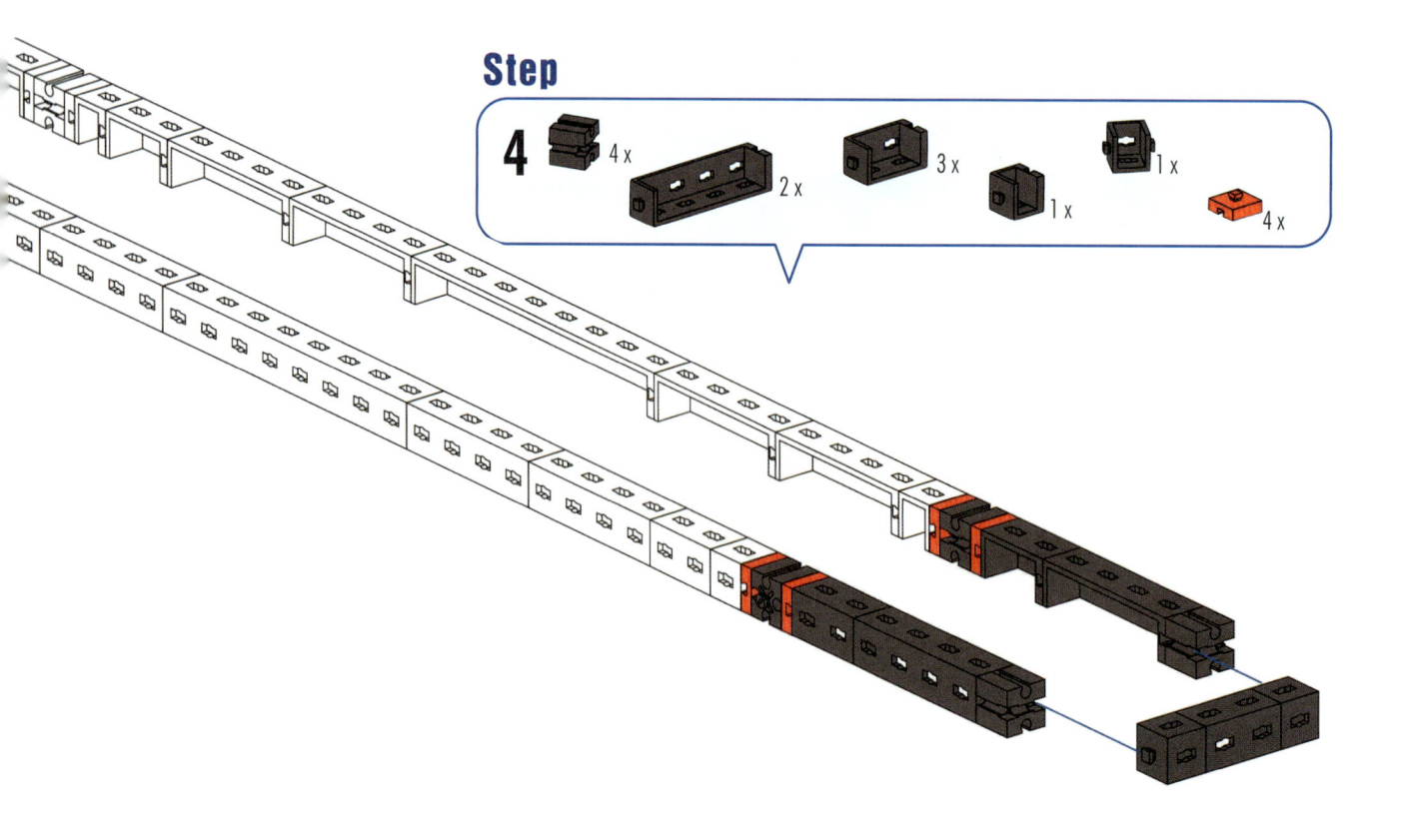

Step 4

4 x   2 x   3 x   1 x   1 x   4 x

單元 7　斜張橋　61

Step 5

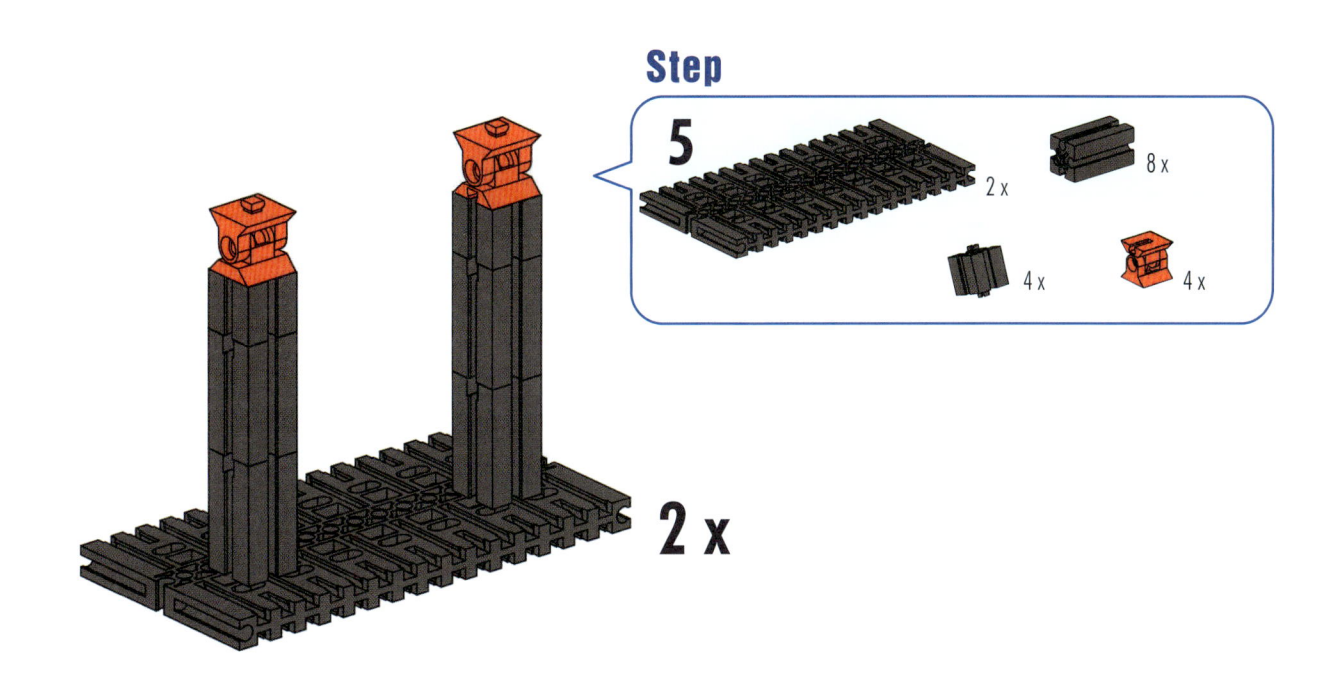

2 x

Step 6

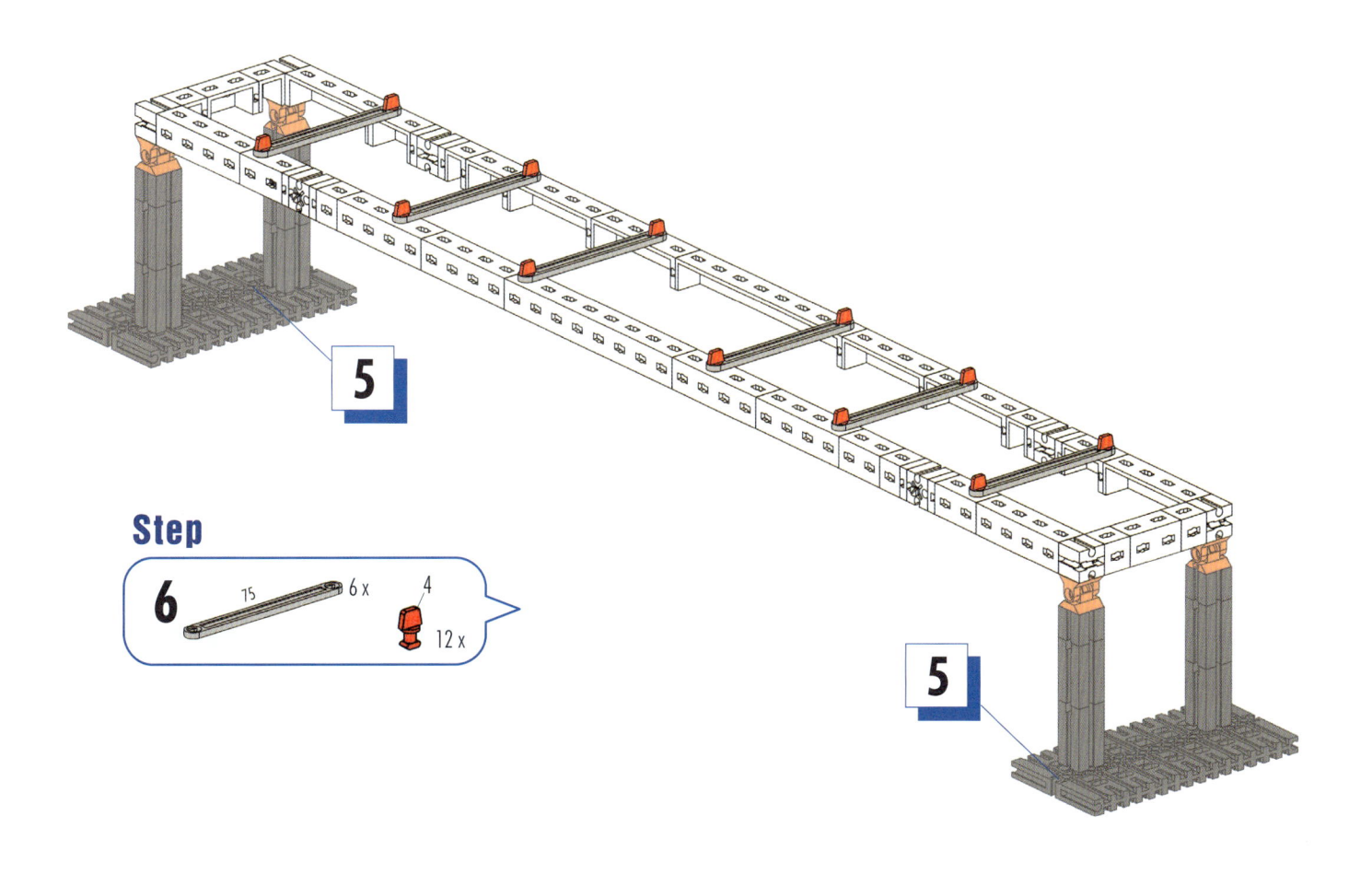

Step 7

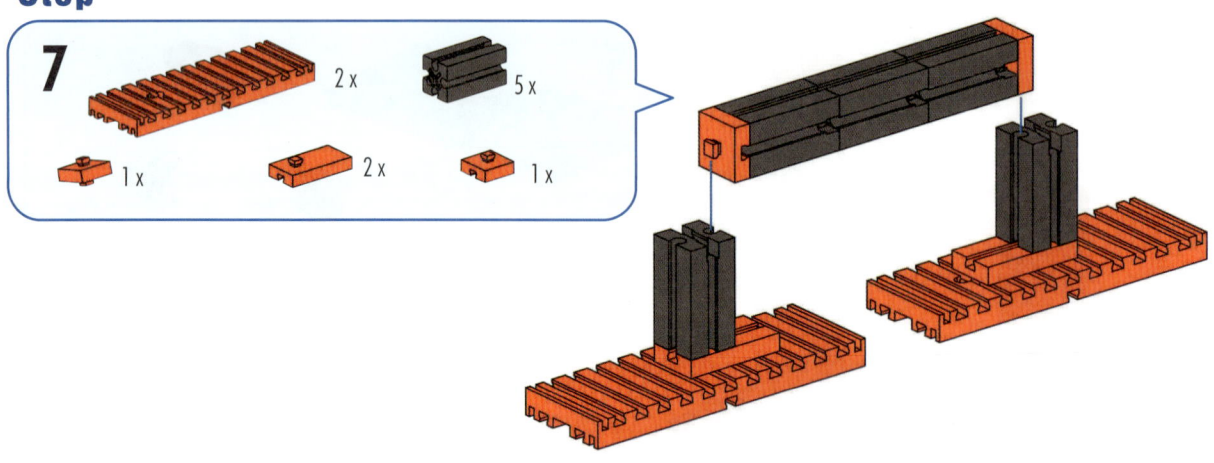

2 x, 5 x, 1 x, 2 x, 1 x

Step 8

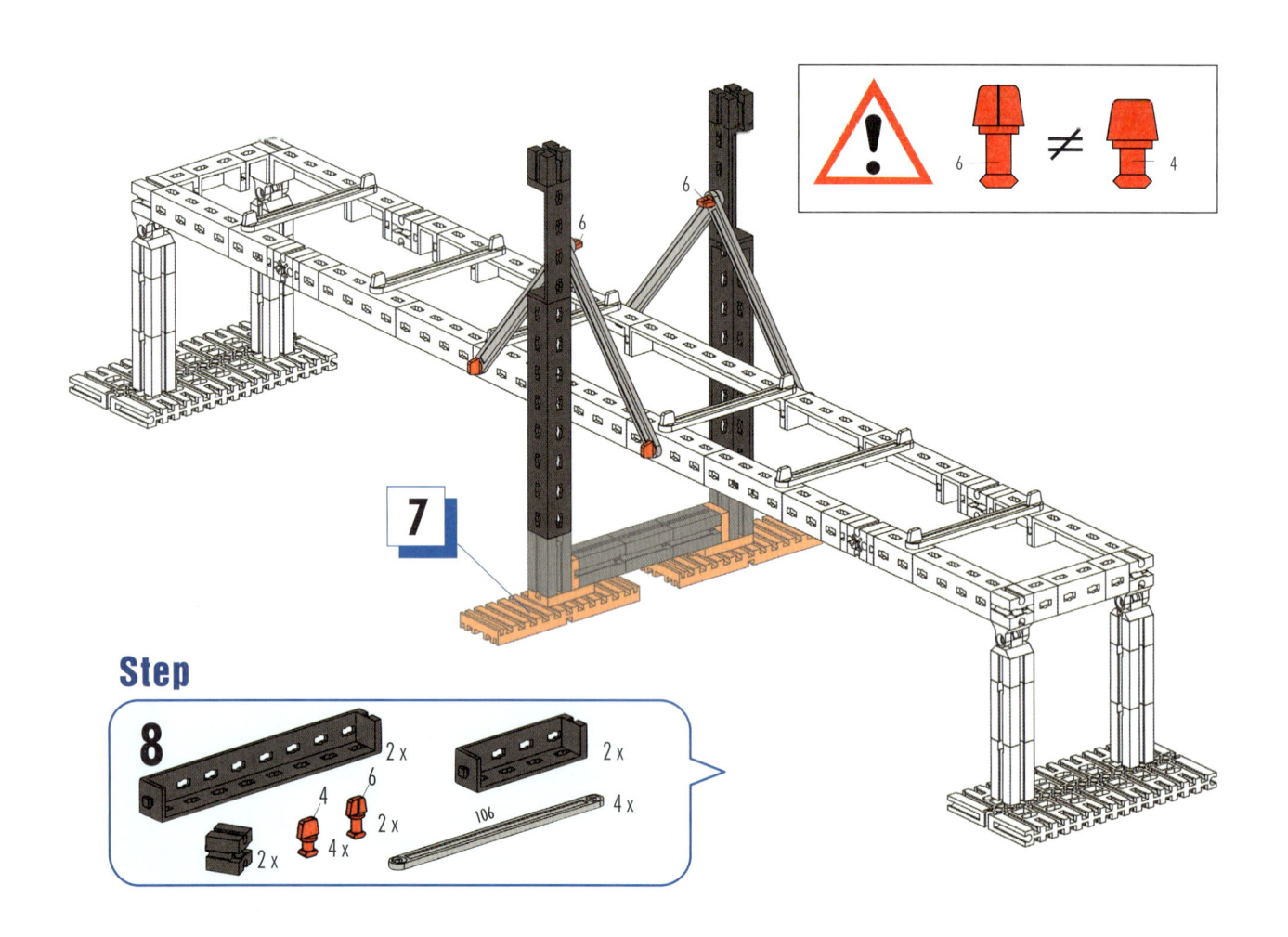

2 x, 2 x, 2 x, 4 x, 106 4 x

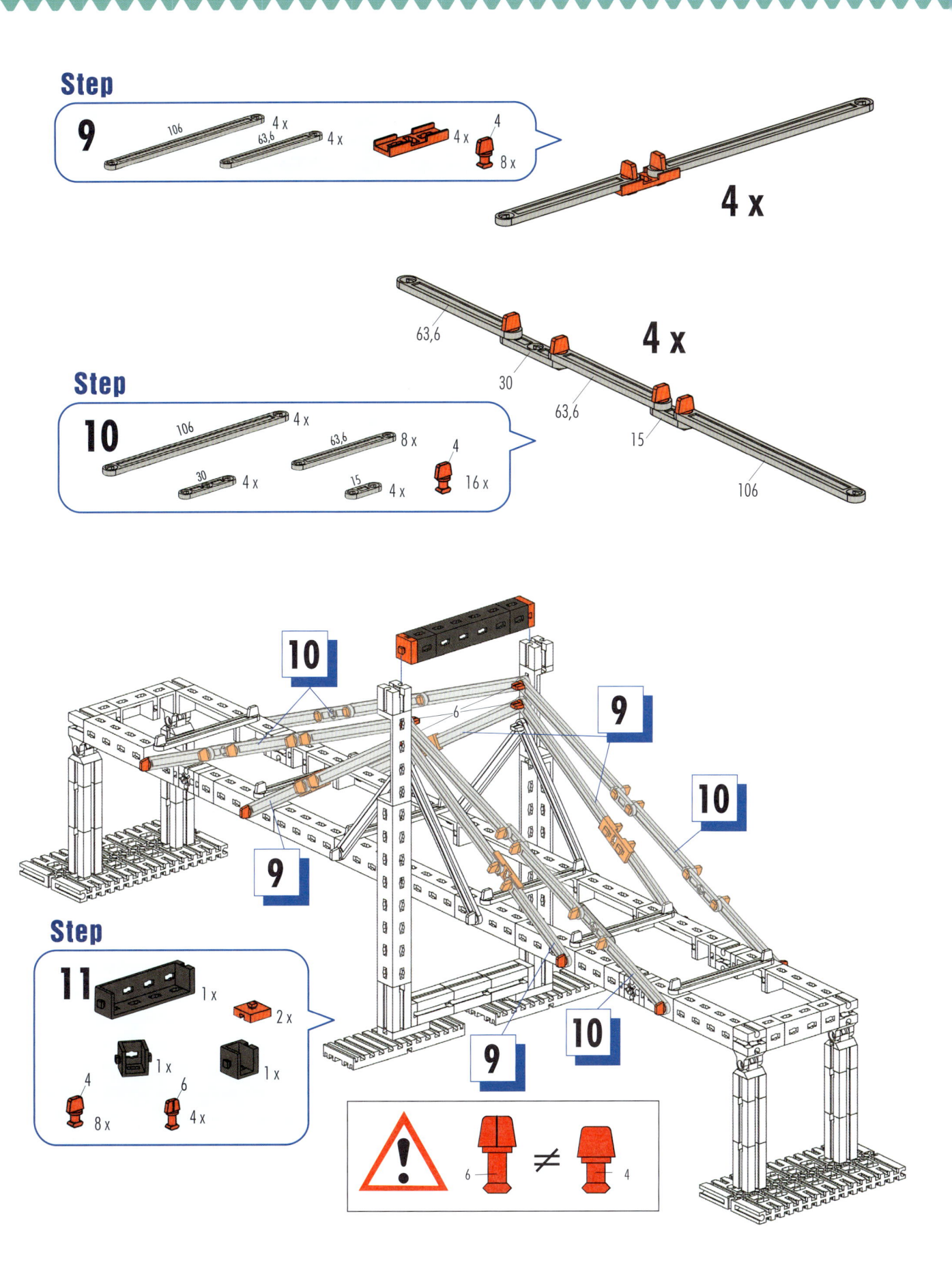

單元 7　斜張橋

用支架代替鋼索

橋塔

橋墩

圖 6-3　斜張橋模型

3 斜張橋的力學分析

斜張橋的橋塔可以很高,所以垂直分力會比水平分力大,鋼纜所產生的張力(綠色箭頭)可分成垂直(Fy)與水平分力(Fx),橋塔則承受壓力。垂直分力負責向上拉起橋梁的重量,左右兩邊的水平分力使橋梁的結構承受預壓力,梁的厚度可以減少,而且跨距變大,表示沉入水中、地底的支撐結構減少,可以避免受到河水的沖擊。

在圖 6-4 斜張橋各部位的受力分析中可發現,橋塔承受壓力、鋼纜受到張力。

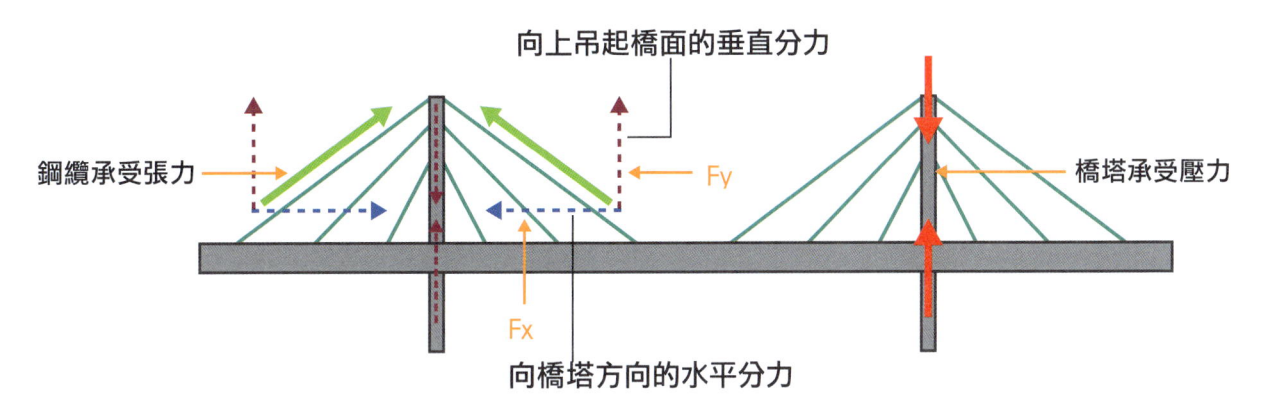

圖 6-4　斜張橋的力學分析

懸索橋(Suspension bridge)又稱吊橋,它的外觀與斜張橋相似,但結構有些差異,如圖 6-5。由於吊橋的拉力在長端兩側,主索把橋身拉起來,但橫向(短邊)靠多根垂下的垂吊索拉住,過去就曾發生軍隊行經吊橋時步伐一致,慣性會造成振幅增加而產生「盪鞦韆」效應,最後使得整座橋斷裂。橋面上的大負荷比較不會影響安全,反而是同步走引起橋身不斷搖晃,讓吊橋側面剪力過大,嚴重可能會翻覆或斷裂。位於美國舊金山的金門大橋(Golden Gate Bridge),是全球最著名的懸索橋之一。

圖 6-5　吊橋各部位名稱

4 工程實驗

1. 如果把圖 6-3 的支架移除，用橡皮筋或棉線取代支架的穩固效果一樣嗎？
2. 比較圖 6-3 和圖 6-5 兩種外觀相似的橋梁，你能發現斜張橋和吊橋在結構設計上有那些差異嗎？
3. 請把圖 6-3 的斜張橋改變成雙塔的型式。
4. 請挑戰看看！使用工程積木製作出一座吊橋。

5 實驗結果

1. 如果使用橡皮筋代替支架，受到負荷時，拉力作用使得橡皮筋伸長量過大，而且每一條繩索的伸長量都不一樣，導致受力不均，造成橋面上下左右搖晃，棉線能使橋面有穩定的效果。
2. 實驗 2～4，請大家自行完成。

單元 8
投石機

⚙ 學習目標
1. 能瞭解槓桿原理
2. 能應用工程積木製作投石機模型
3. 能知道投石機的力學原理與分析
4. 能運用零件強化投石機結構
5. 能設計工程實驗流程並歸納結果

1 認識投石機

投石機（Catapult）在槍、炮尚未發明前，是古代戰爭最具殺傷力的武器之一，它是槓桿原理的應用，其常見的種類有扭力投石機和重力投石機兩種。

投石機在古希臘與古羅馬時期已使用於戰場上，以絞繩轉動木頭產生扭力來發射彈體，另外，配重投石機在 12 世紀時最早出現在歐洲，如圖 7-1 所示，是當時最大型的武器，南宋時隨蒙古大軍傳入中國。

圖 7-1　投石機

在投石機的兩側，一端裝有配重物，另一端裝有待發射的石彈（彈體），發射前先將放置石彈的一端使用人力轉動絞盤，或拉動滑輪，使得裝有配重物的另一端上升，放好石彈後再放開或砍斷繩索，讓配重物落下，石彈也因慣性作用順勢拋出。

2 積木寫生—投石機

請參考下圖模型，完成兩種不同施力方式的投石機製作，一種是利用手按壓，如圖 7-2；另一種利用橡皮筋的彈力，如圖 7-4 所示。

圖 7-2　投石機模型　　圖 7-3　投石機槓桿補強

框架／勺子

圖 7-4　彈力投石機模型

圖 7-5　橡皮筋固定方式

3 投石機力學分析

投石機其實就是槓桿原理（Lever principle）及力矩（Torque）的應用，如圖 7-2 所示。我們可以在施力臂上任一點做按壓動作，放在框架／勺子的彈體就會被拋射出去（為了安全考量，如在多人場所做此實驗，彈體可以使用紙揉成的球體），如果在施力臂裝上橡皮筋，當手指對抗力臂（紅色箭頭處）施力，此時橡皮筋會產生形變，如圖 7-6 左側產生形變之橡皮筋。當手放開之後，彈力位能（Elastic potential energy）會把框架內的彈體拋投出去，為了能把彈體拋的更遠，可以在施力端放置配重物。

圖 7-6　橡皮筋彈力投石機　　　　圖 7-7　橡皮筋變形後特寫

在圖 7-6 的模型中，橡皮筋的彈力位能會產生逆時針力矩，這時的逆／正力矩必須要大於順／負力矩才能把彈體拋射出去。

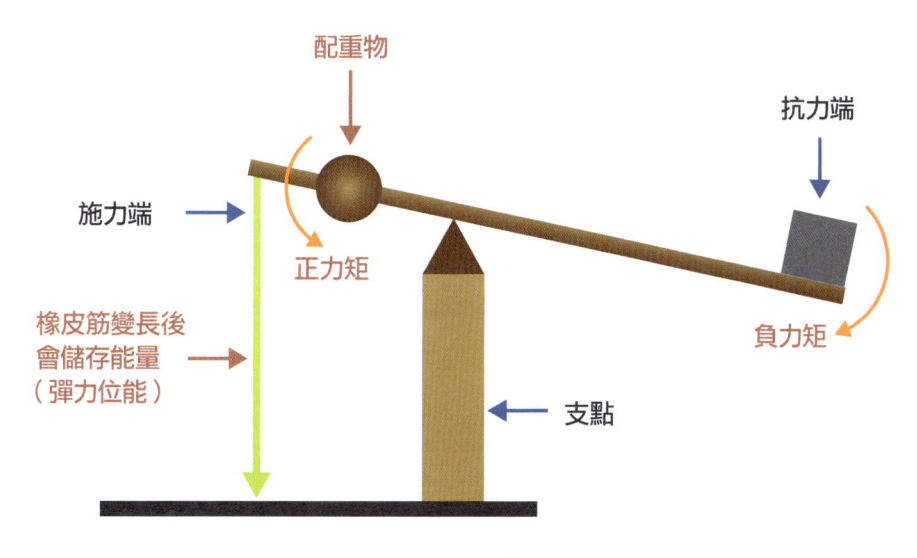

圖 7-8　示意圖

從按壓或使用彈力把彈體拋射出去，都需要有力的作用，可以從物體運動狀態的改變（彈體飛出去），或使物體產生形變（橡皮筋變形）中觀察到力的作用。

力的測量有兩種方法：

01 由牛頓運動定律測量物體受到力的作用會產生加速度，得到：

外力＝質量 × 加速度（F＝ma）

02 由虎克定律測量彈簧在彈性限度內產生的形變量，得到：

外力＝彈力係數 × 伸長量（F＝kΔx）

力的單位有兩種：

(1) 絕對單位：牛頓（N）；達因（dyne）
(2) 重力單位：仟克重（Kgw）＝ 9.8 N
　　　　　　　克重（gw）＝ 980 dyne

槓桿原理依支點位置的不同，可分為三類，如表 7-1 所示。

表 7-1　三類槓桿整理表格

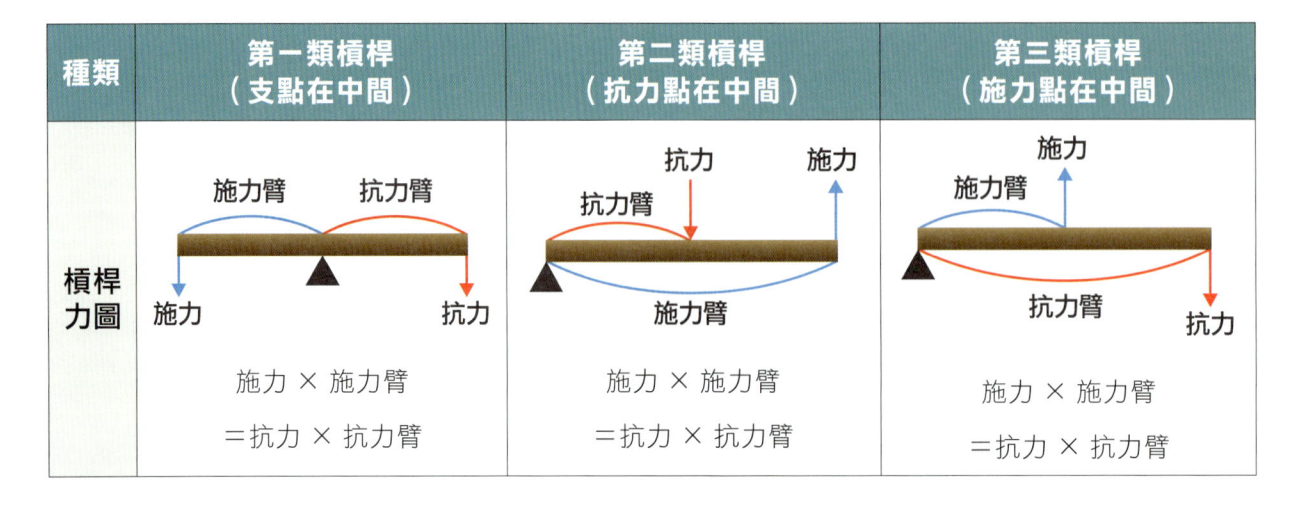

種類	第一類槓桿（支點在中間）	第二類槓桿（抗力點在中間）	第三類槓桿（施力點在中間）
槓桿力圖	施力 × 施力臂 ＝抗力 × 抗力臂	施力 × 施力臂 ＝抗力 × 抗力臂	施力 × 施力臂 ＝抗力 × 抗力臂

表 7-1　三類槓桿整理表格（續）

種類	第一類槓桿（續）（支點在中間）	第二類槓桿（抗力點在中間）	第三類槓桿（施力點在中間）
模型操作圖示			
功用	(1) 施力臂＞抗力臂→省力 (2) 施力臂＝抗力臂→方便 (3) 施力臂＜抗力臂→省時	施力臂＞抗力臂→省力	施力臂＜抗力臂→省時
應用實例	剪刀、翹翹板、尖嘴鉗	開瓶器、裁紙刀、胡桃鉗	釣魚竿、筷子、鑷子

從圖 7-2 的投石機模型，和表 7-1 對照可以發現，投石機的支點在施力點與抗力點之間，是第一類槓桿的應用。

4 工程實驗

1. 使用彈力投石機，比較有與無配重物時，哪一種情形能把彈體拋投比較遠？
2. 支點轉軸被兩根 6 公分的結構件支撐，運用在結構篇中學到的概念，如何能使整體的結構更堅固呢？（此題無標準答案）
3. 請設計一個實驗模型與記錄表格，說明槓桿達到靜力平衡的條件。

5 實驗結果

1. 如果你有確實做過實驗便可以發現，在橡皮筋變形量相同時，有加配重物時彈體飛行距離比較遠。
2. 可使用兩根桿件加強結構（如右圖），固定在結構件和操作底板的基礎零件上。
3. 實驗結果記錄如表 7-2 所示，把均質的配重物放在適當的位置（配重物可用任何零件，不一定要與圖示一樣），然後再依實驗結果做歸納整理。

首先，先定義什麼是力矩，力矩等於施於槓桿上的作用力，乘以支點到力的垂直距離，也就是能使物體繞轉軸產生轉動的物理量。力矩為向量，逆時針方向的力矩稱為正，反之順時針為負。

在圖 7-10 中，距支點轉軸相同距離的位置（左側及右側第 8 孔位置）各放一個配重物，此時，槓桿不移動、也不轉動達到平衡；在圖 7-11 中，左側的配重物留在原位，右側在距離轉軸第 4 孔的位置放置兩個配重物，此時槓桿也達到平衡狀態。

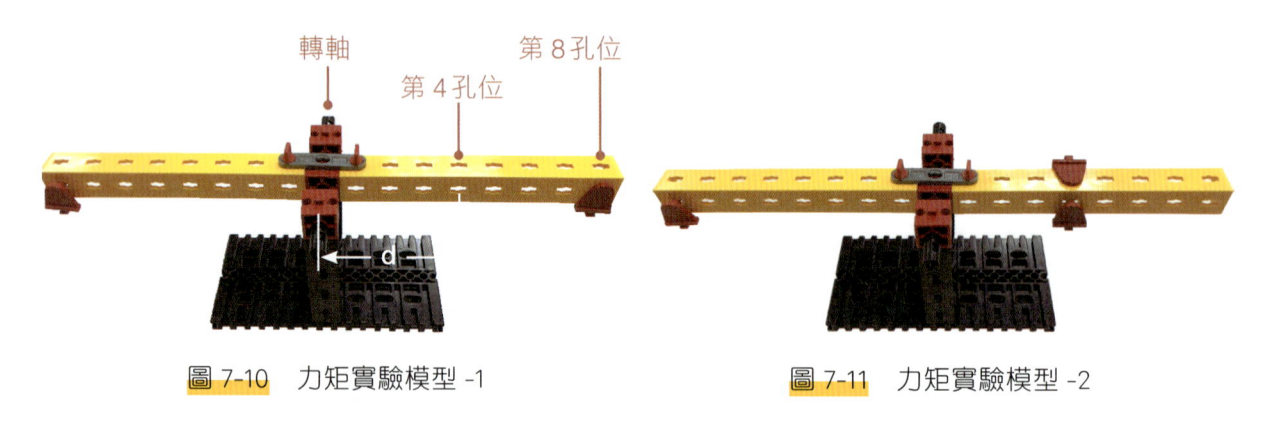

圖 7-10　力矩實驗模型 -1　　　　圖 7-11　力矩實驗模型 -2

表 7-2　力矩實驗記錄表格

項次	配重物數量／個	距支點孔位	左側／逆時針力矩	右側／順時針力矩	對應圖號
1	1	8／右	8		7-10
	1	8／左		8	
2	1	8／左	8		7-11
	2	4／右		8	
3					
4					

從表 7-2 及圖 7-11 可以發現，力臂愈長，愈容易使物體轉動，也就是愈省力；當力臂為零時（作用力通過轉軸），無論施力大小如何，都無法使物體轉動。你還可以找出那幾種平衡的組合呢？

從表 7-2 中歸納出力矩的公式如下：

> 力矩＝力臂（轉軸到力的作用線垂直距離）× 作用力（L＝d×F）

從公式中整理出力矩的單位如下：

> 牛頓・公尺（N・m）；公斤重・公尺（Kgw・m）

讓我們來討論槓桿平衡的條件，當物體受到力的作用會產生移動；受到力矩作用會產生轉動。物體不論達到靜態或動態平衡，必須同時滿足兩個條件：

(1) 外力的合力等於零，也就是處在移動平衡。

(2) 合力矩等於零，也就是處在轉動平衡。

若同時處於移動與轉動平衡，則為靜力平衡（Static equilibrium）。

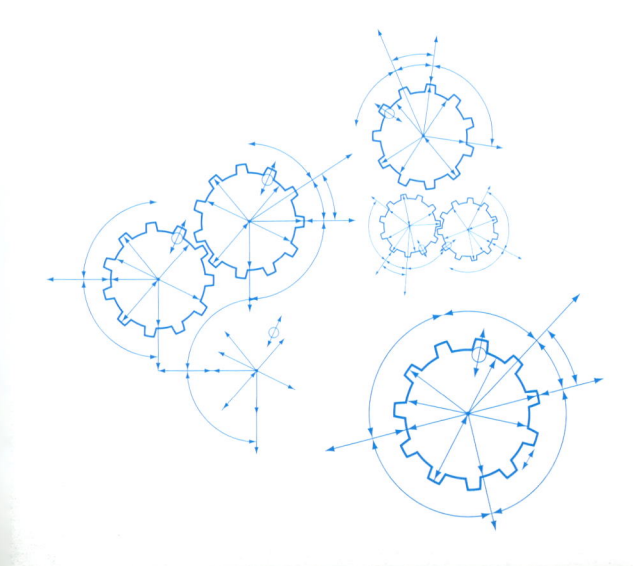

單元 9
上皿天平

學習目標

1. 能瞭解上皿天平原理
2. 能應用工程積木製作上皿天平模型
3. 能知道上皿天平的力學原理與分析
4. 能瞭解平行四連桿機構
5. 能設計工程實驗流程並歸納結果

1 認識上皿天平

17世紀時，法國數學家勞伯佛（Gilles de Roberval）設計出一個有趣的天平，他在支點右側放置一個砝碼，此時會向右傾斜，如果在離中心點等距的位置各放一個相同質量的砝碼，則天平會維持平衡，當時令人感到好奇的是圖 8-1 的天平，即便左、右兩個砝碼距中心並不等長，但仍能保持平衡狀態，且不論砝碼放在懸臂上那一個位置，天平都會保持平衡，這種天平稱勞伯佛天平（Roberval's Balance）。這個設計概念，普遍應用在實驗室的上皿天平，如圖 8-2，早期也常用在火車機車頭的平行相等曲柄機構（Parallel equal crank mechanism），以及製圖工具平行尺及檯燈，如圖 8-3 和圖 8-4 所示。

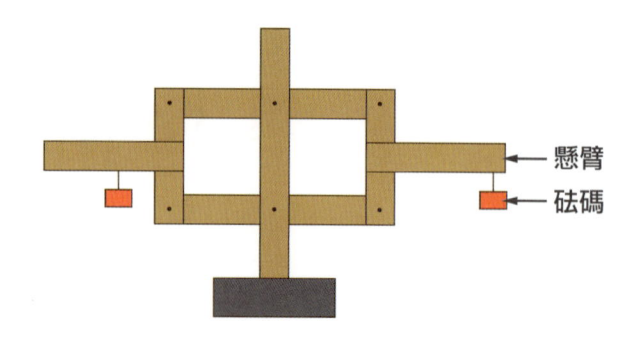

圖 8-1　勞伯佛天平

圖 8-2　上皿天平

圖 8-3　火車的平行相等曲柄機構

圖 8-4　檯燈

2 積木寫生—上皿天平

請參下列步驟,依序完成上皿天平模型製作。

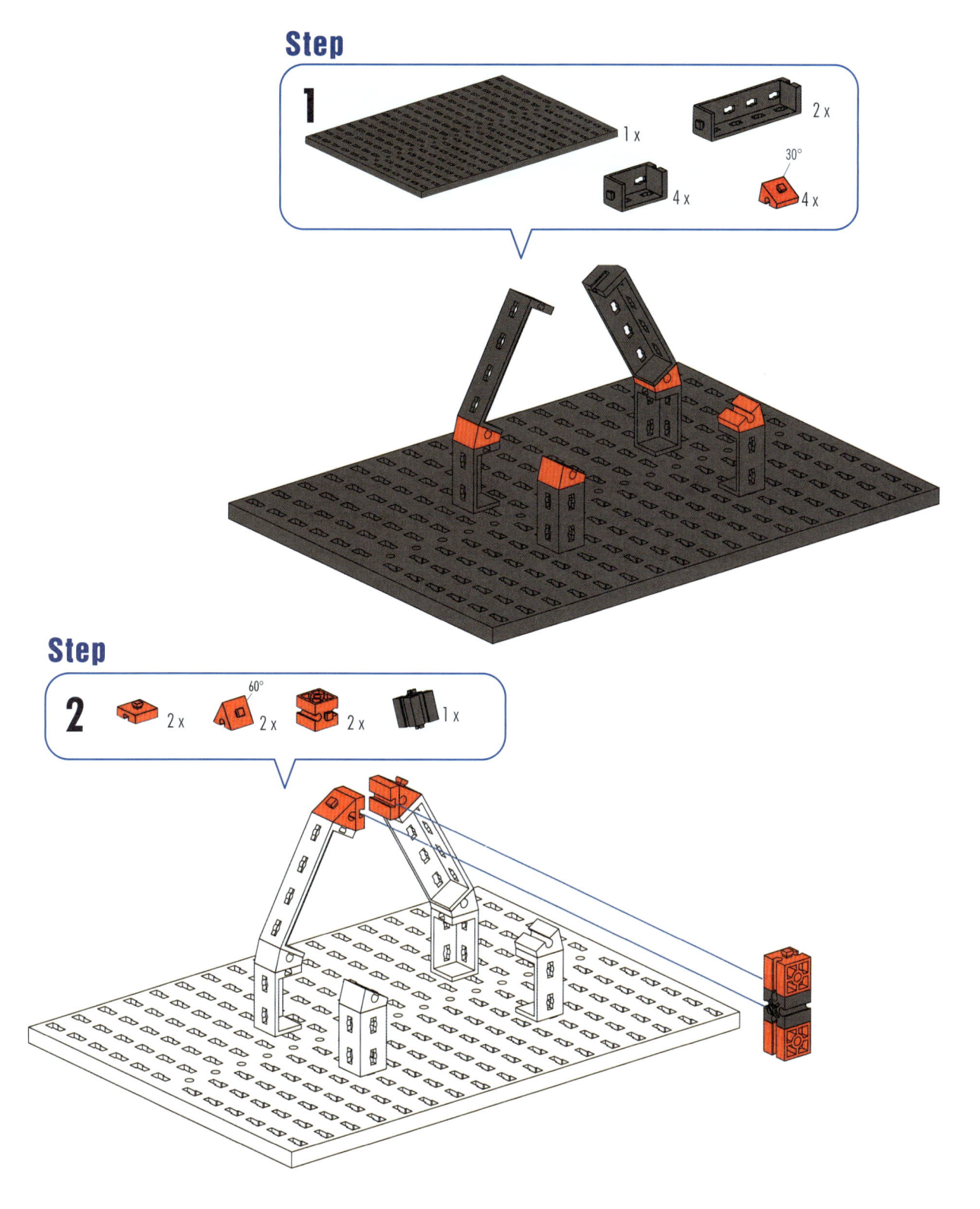

Step 1
- 1x (底板)
- 2x
- 4x
- 4x (30°)

Step 2
- 2x
- 2x (60°)
- 2x
- 1x

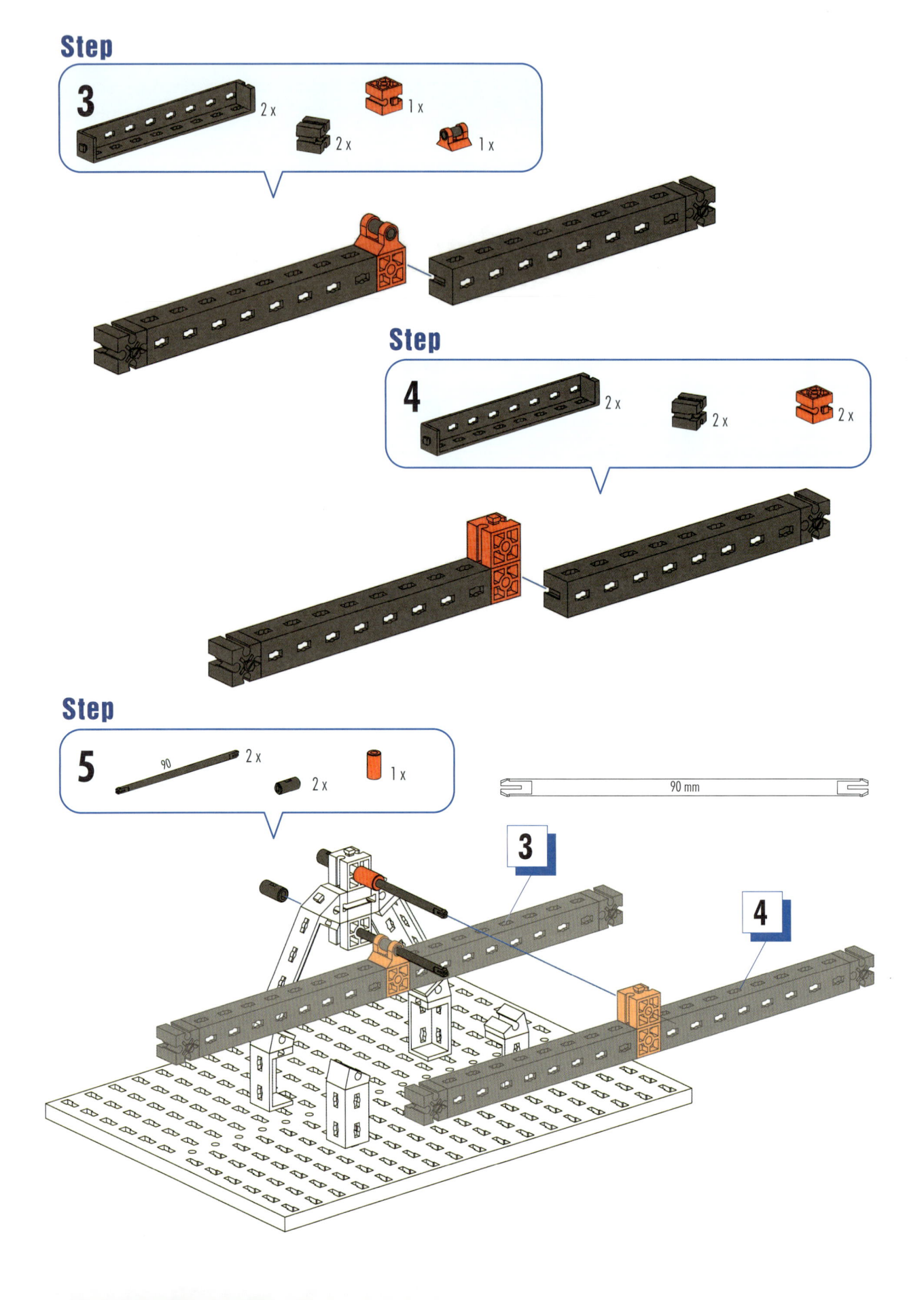

78　孩子的第一本工程科學 I
　　─使用 fischertechnik 工程積木學習結構與設計實務

Step 3

Step 4

Step 5

90 mm

單元 9 上皿天平 79

Step 6

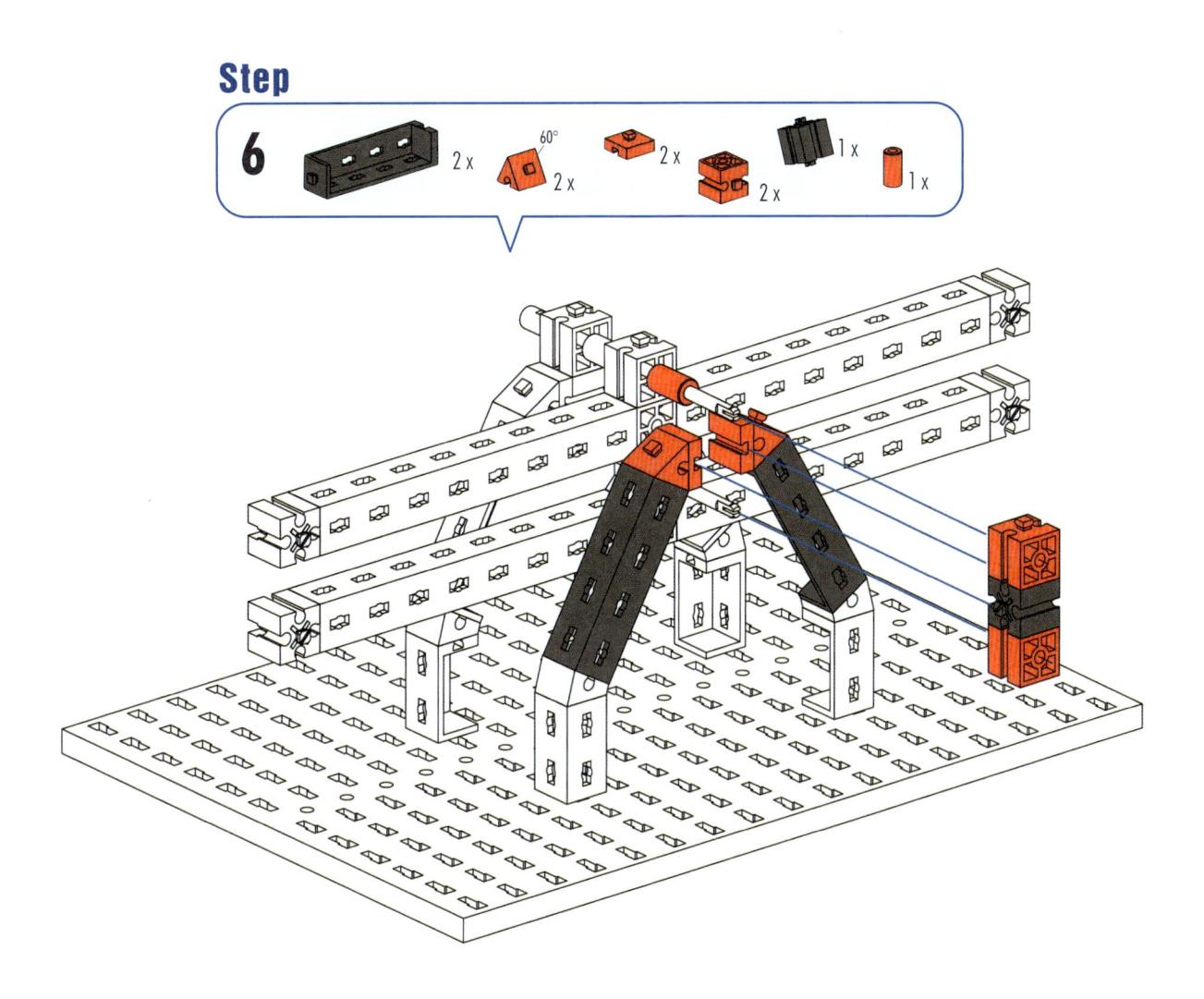

2 x 2 x (60°) 2 x 2 x 1 x 1 x

Step 7

2 x 2 x (15) 2 x 2 x 2 x 2 x

2 x

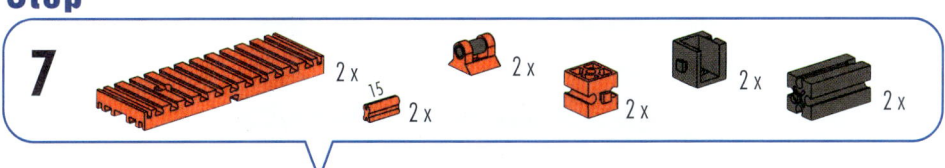

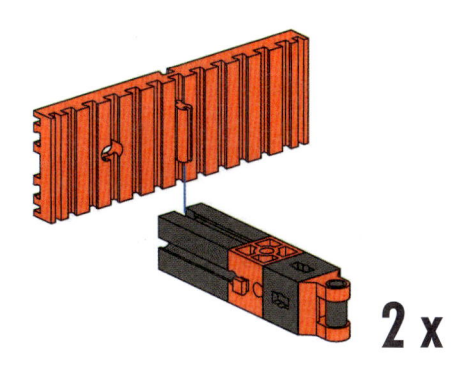

80　孩子的第一本工程科學 I
　　—使用 fischertechnik 工程積木學習結構與設計實務

Step

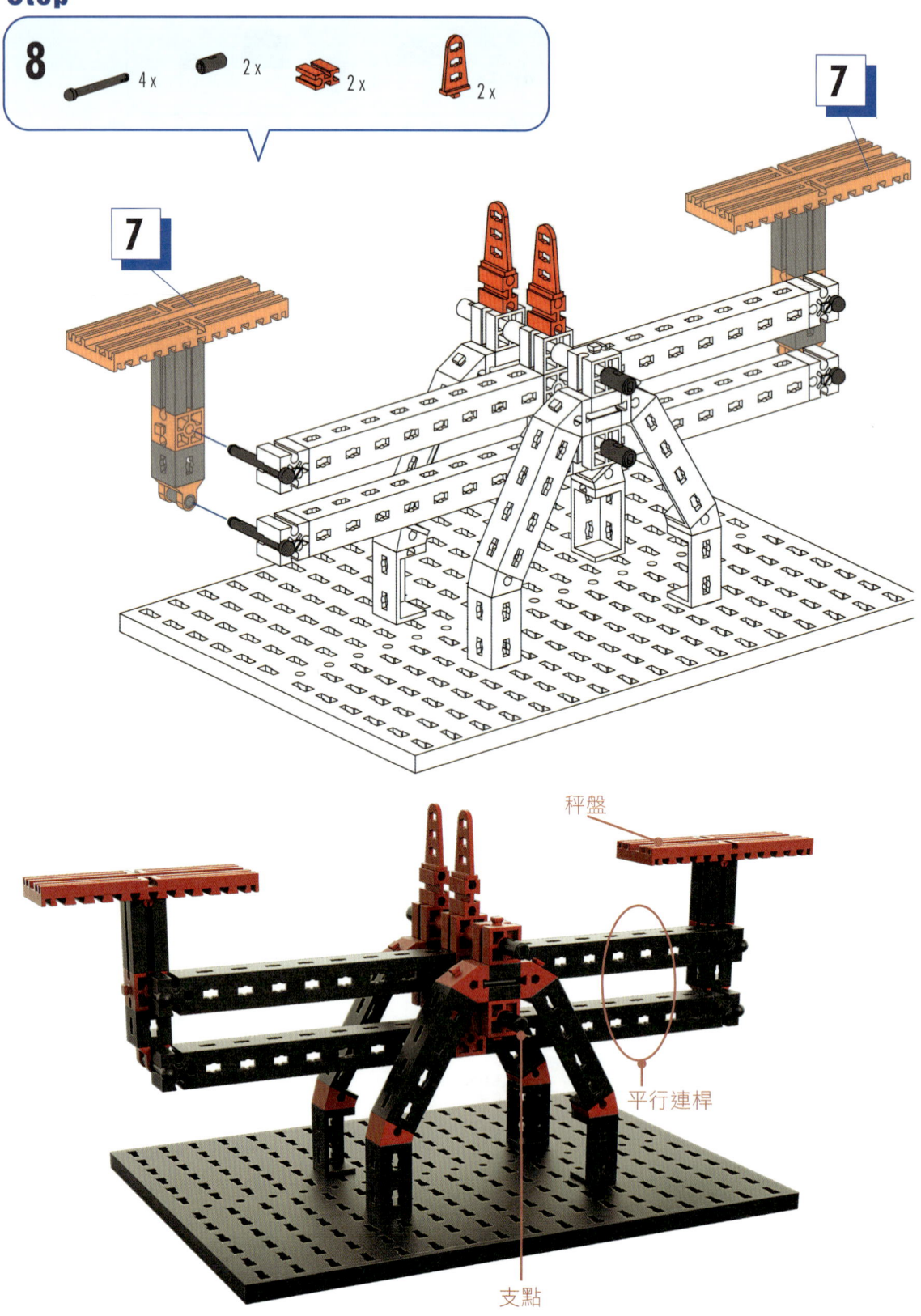

8　　4x　　2x　　2x　　2x

秤盤

平行連桿

支點

圖 8-5　上皿天平

3 上皿天平力學分析

　　圖 8-1 的勞伯佛天平所示，如果左側下移 5 公分，右側也會上升 5 公分，如果用「功」的原理思考，因為移動距離相同，代表施力不論在何處皆相同，它是一種等臂天平，不論砝碼放在秤盤任一位置，都不會造成測量偏差，這都是因為平行四連桿機構的設計。

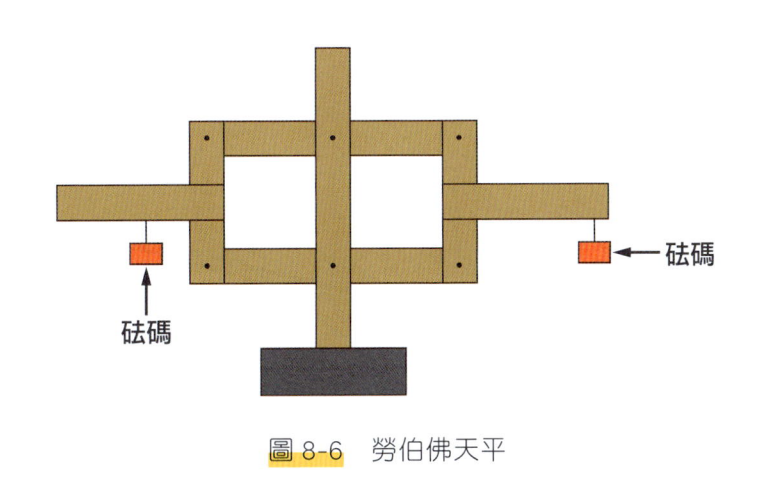

圖 8-6　勞伯佛天平

　　在圖 8-7 中，向下的施力會轉換成向上的抬起之力，因支點在中間，兩側力臂等長，所以右側向下移動 0.3 公尺，左側也會被抬升 0.3 公尺，此時作功為：$9N \times 0.3m = 2.7J$，右側作的功會完全轉換給左側，但沒有任何機械可以增加功及能量。

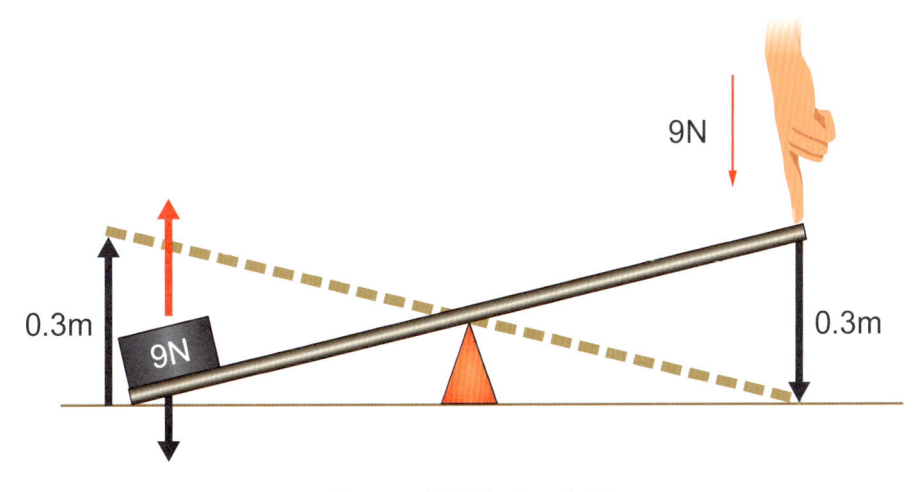

圖 8-7　槓桿作功示意圖

4 工程實驗

1. 請把圖 8-5 的上皿天平模型，改變成圖 8-6 的勞伯佛天平，並在距中心點不同位置的懸臂裝上配重物當作砝碼，觀察天平是否會平衡？

2. 使用圖示中的槓桿，把 9N 的物體抬高 0.1m 時作功多少焦耳？左右作功相同嗎？

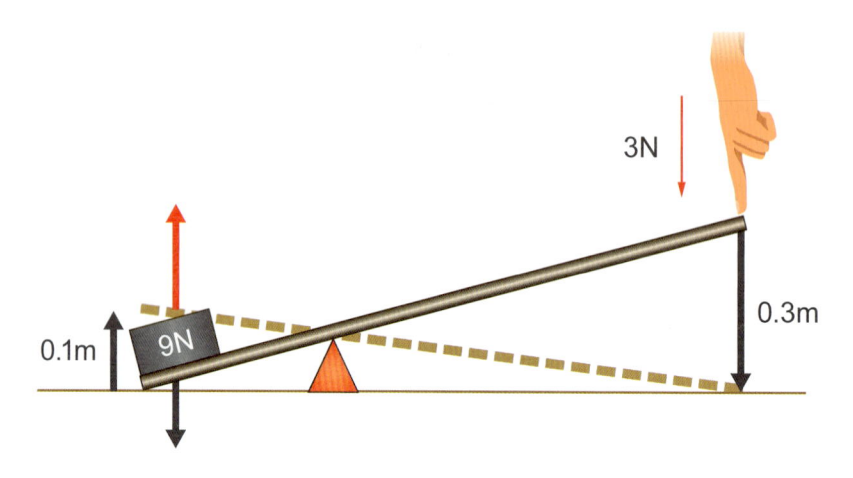

5 實驗結果

1. 天平不因砝碼放在兩側懸臂的相對置不同而失去平衡（會維持平衡）。
2. 功（W）= 作用力（F）× 物體沿作用力方向的位移（S）
   (1) 左側：9N × 0.1m = 0.9J；右側：3N × 0.3m = 0.9J
   (2) 皆為 0.9 焦耳，符合能量守恆定律。

　　機械的工作原理就是「能量守恆定律」。槓桿是最簡單的機械，當我們對槓桿的一端作功時，另一端也會對負載作功，此時方向會改變，如果摩擦力（Friction）產生的熱不計（f 非常小），則輸入的功等於輸出的功，機械利益也可以由輸入距離對輸出距離的比值求得。

單元 10
砝碼磅秤

⚙ 學習目標

1. 能瞭解砝碼磅秤原理
2. 能應用工程積木製作砝碼磅秤模型
3. 能知道砝碼磅秤的力學原理與分析
4. 能瞭解砝碼磅秤的結構
5. 能設計工程實驗流程並歸納結果

1 認識砝碼磅秤

秤字可拆解禾與平,「平」是指「壓下去」;「禾」是指「五穀」,「禾」與「平」合起來表示把「五穀壓下去」,本意是「五穀的重量」,動詞則為「秤五穀的重量」。歷史相傳秤由商聖范蠡所發明,他觀察人們在市場做貨物買賣都是用估算,沒有統一的標準。一天夜裡,他抬頭看見天上的星宿,便突然有了靈感,決定用南斗六星和北斗七星做標記,一顆星代表一兩重,十三顆星則表示一斤。

秦始皇統一六國之後,把制定度量衡的標準重任交給了丞相李斯,但他一時想不出要把一斤定為多少兩,於是向秦始皇請示,秦始皇批示「天下公平」四個字,李斯為了避免日後在實施過程出了問題而受到究責,於是把「天下公平」這四個字的筆畫數作為標準,於是定出了一斤等於十六兩,另有一說,是在十三顆星之後加上福、祿、壽,則共有十六星,也就是一斤等於十六兩的典故。

圖 9-1 砝碼磅秤

2 積木寫生—砝碼磅秤

請參考下列步驟，依序完成砝碼磅秤的模型製作。

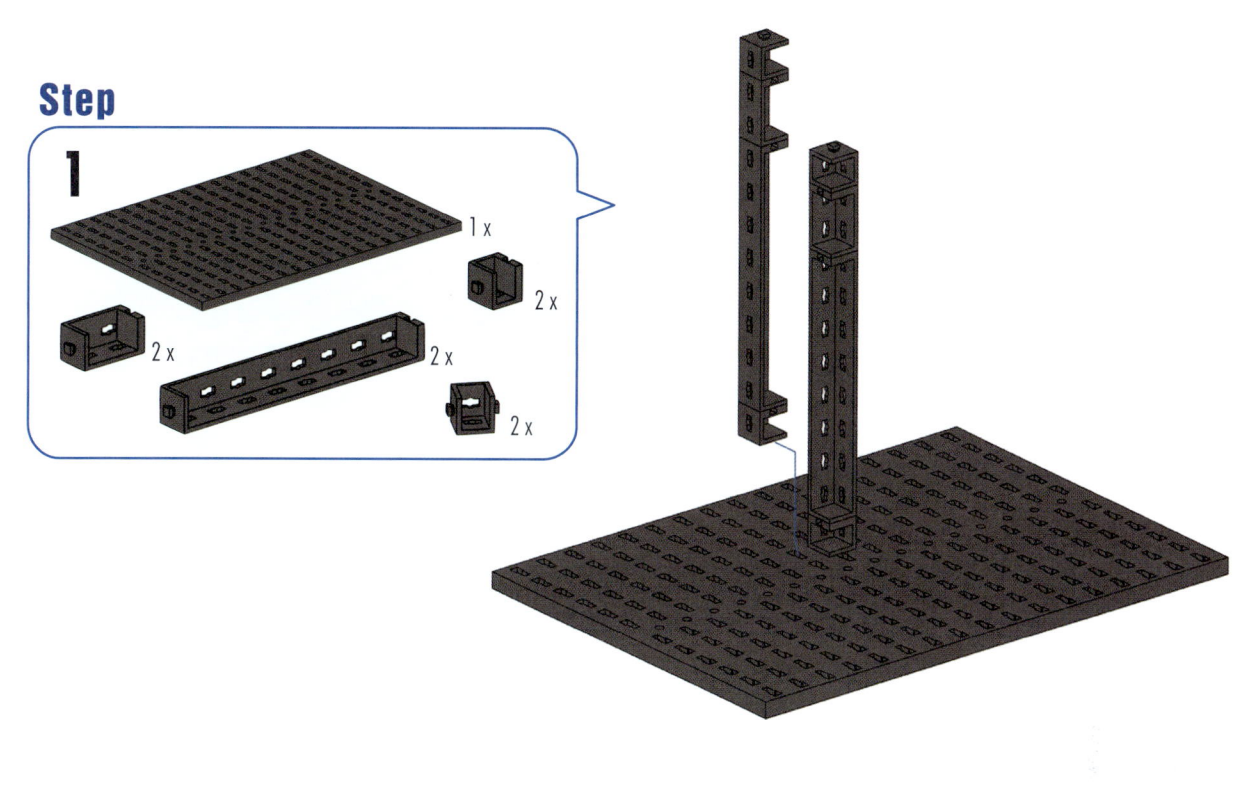

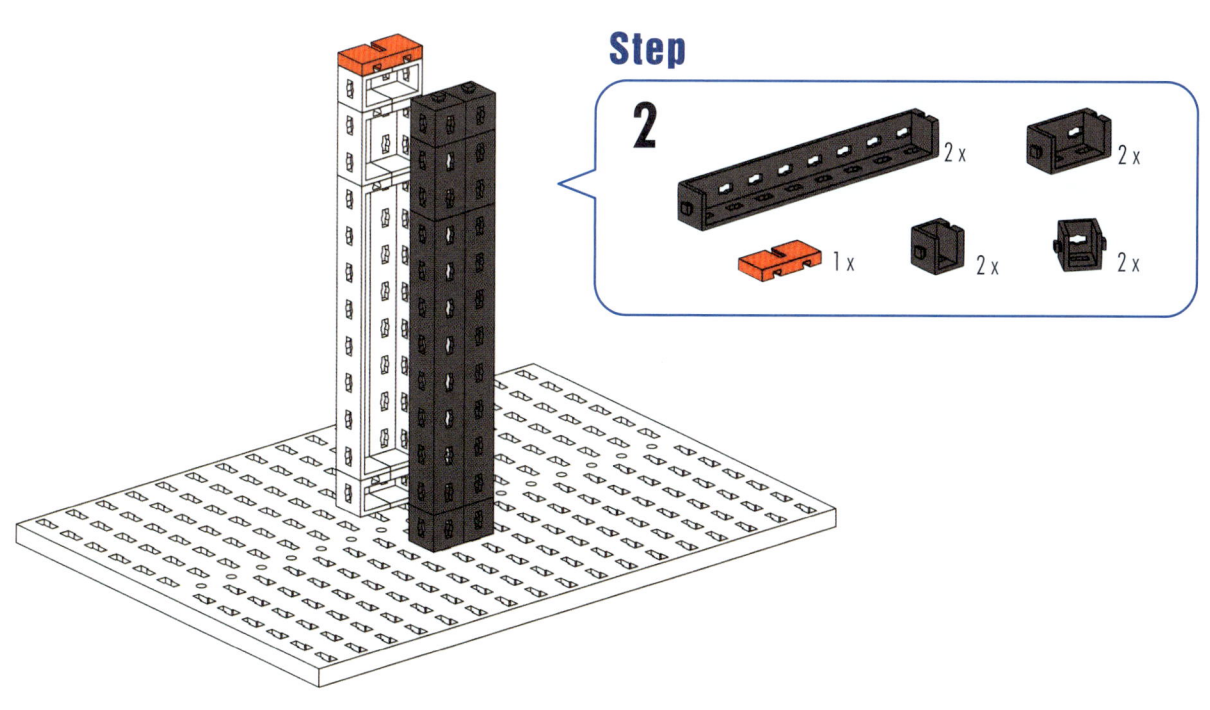

Step 1

1x
2x
2x
2x
2x

Step 2

2x
2x
1x
2x
2x

Step 3

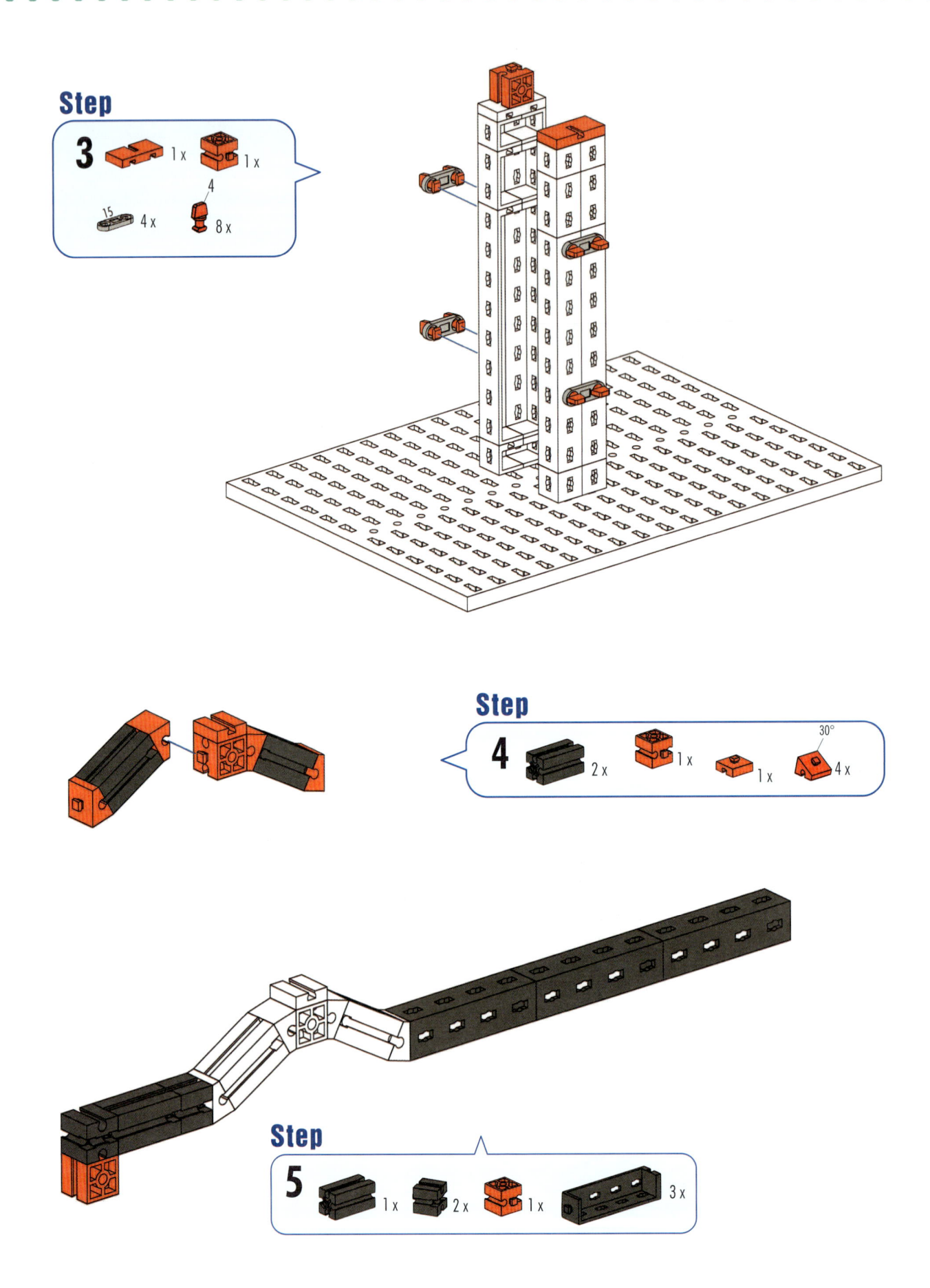

Step 4

Step 5

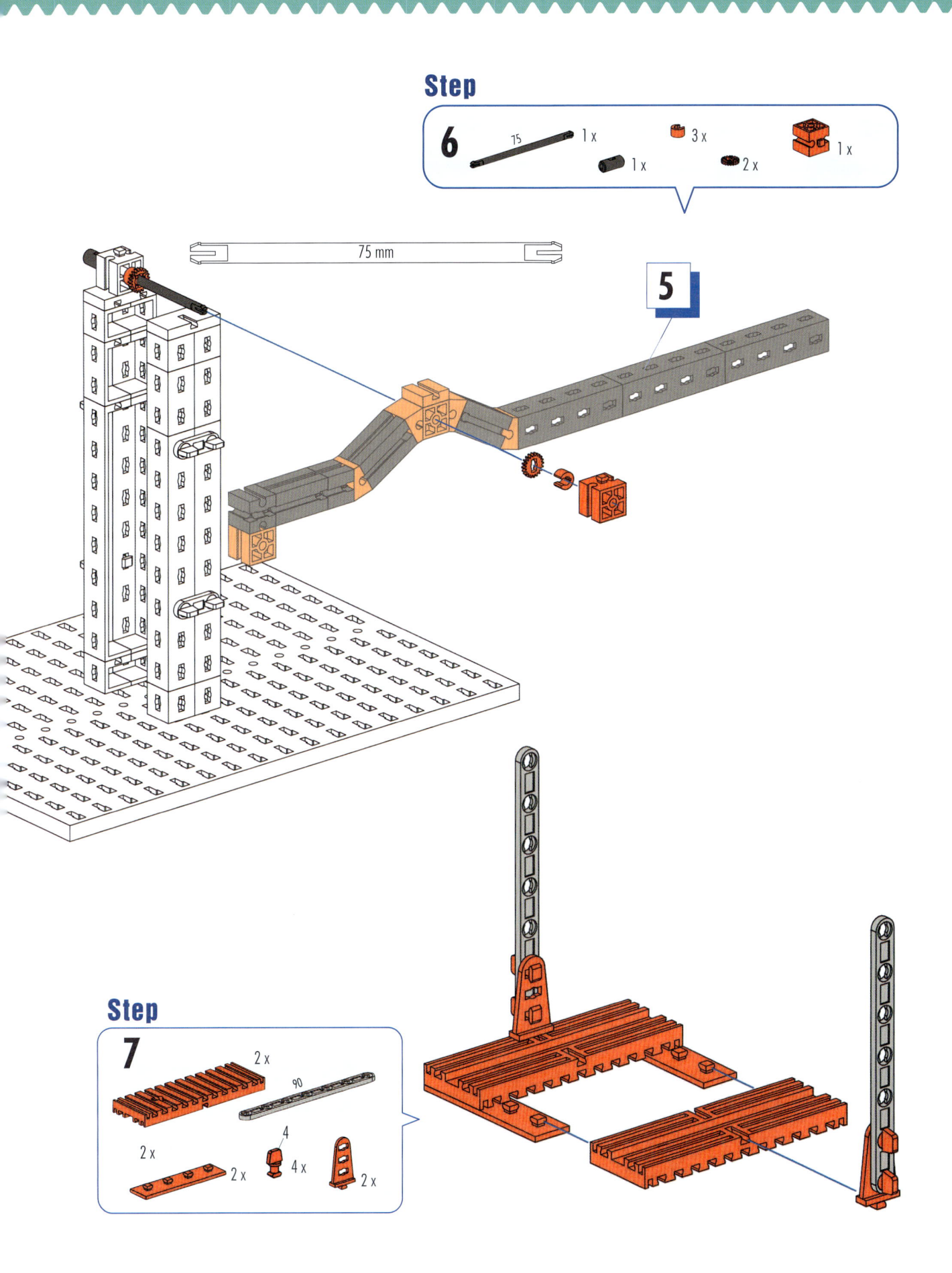

單元 10　砝碼磅秤　87

Step 6

75　1x
1x
3x
2x
1x

75 mm

5

Step 7

2x
90
2x
4
2x
4x
2x

Step 8

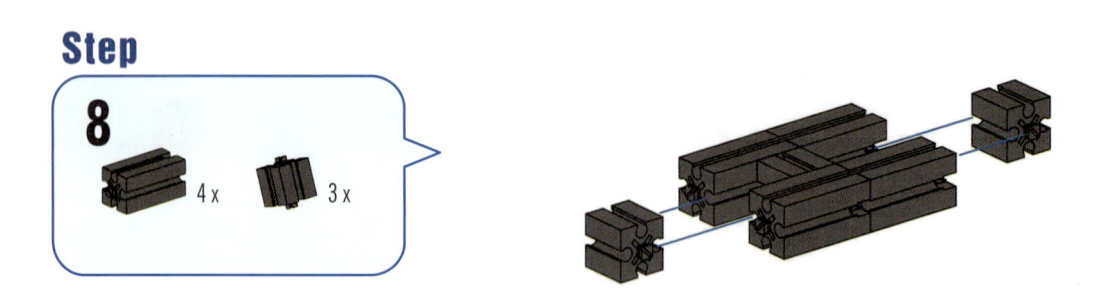

4 x　3 x

Step 9

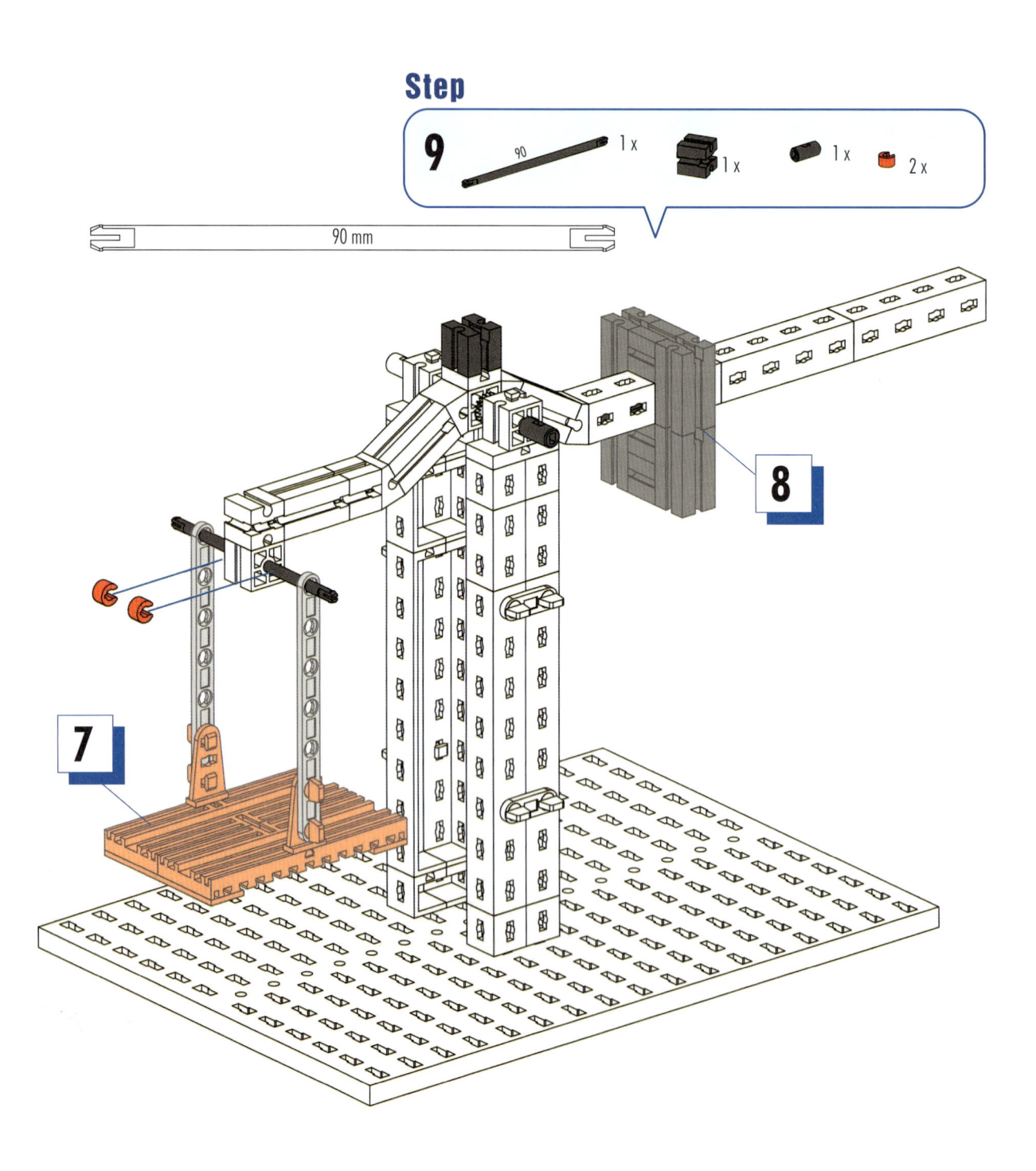

90　1 x　1 x　1 x　2 x

90 mm

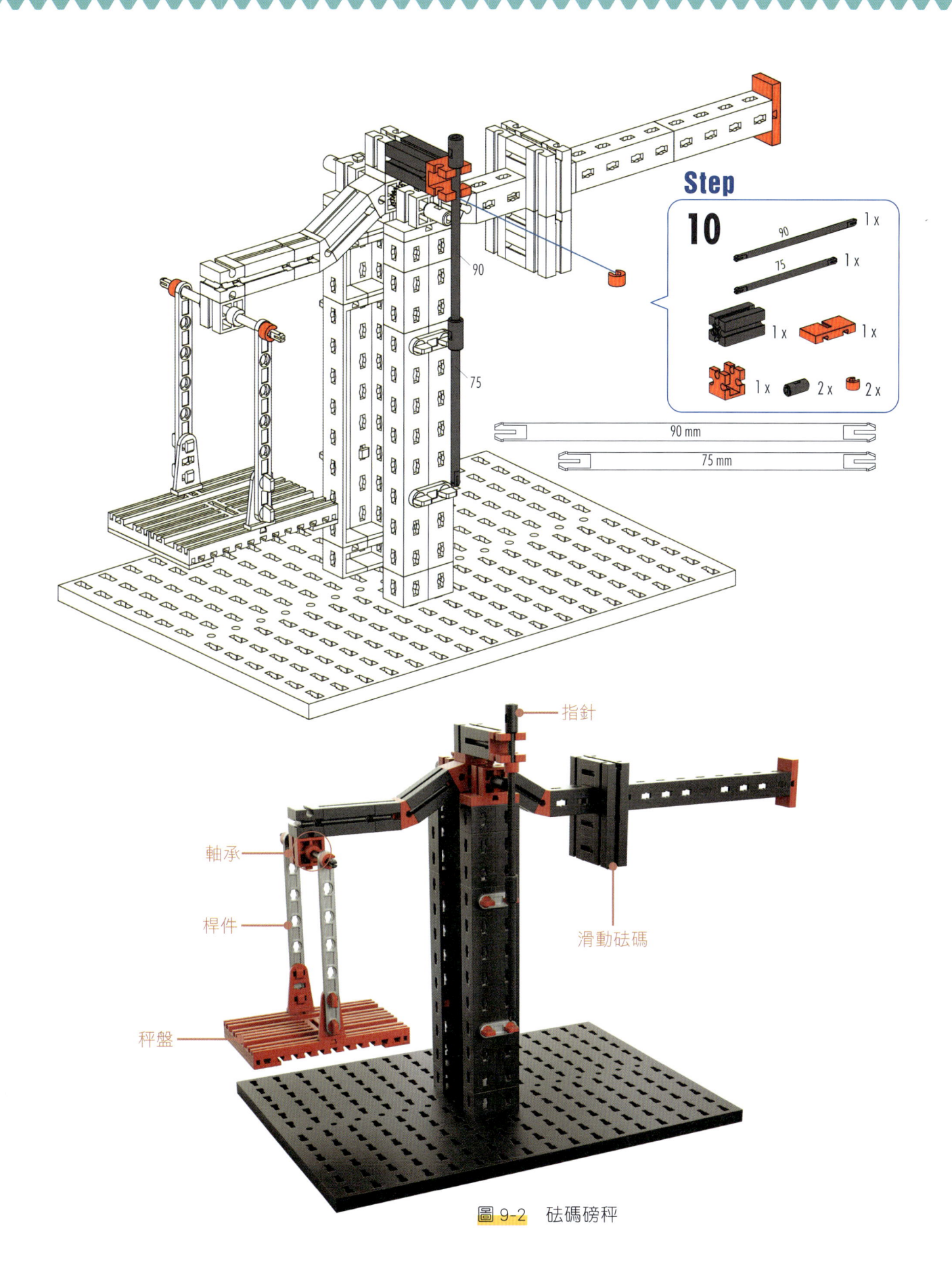

單元 10 砝碼磅秤 89

Step 10

90 1x
75 1x
1x 1x
1x 2x 2x

90 mm
75 mm

指針
軸承
桿件
秤盤
滑動砝碼

圖 9-2 砝碼磅秤

3 砝碼磅秤力學分析

圖 9-2 的模型外觀像翹翹板，我們一眼便可看出是槓桿原理和力矩的應用。右側的橫桿上面共有 12 個小孔，當在左側秤盤上放置物品，此時，你必須移動橫桿上的砝碼（Weight），觀察在哪一個孔位能達到平衡。

想像一下這是在古代，砝碼每向右移動一個孔位，表示貨品的重量越重，計價也越多。砝碼距離中心支點越遠，所產生的力矩就越大，滑動砝碼藉由能輕易地改變力臂長度，並找到平衡點。

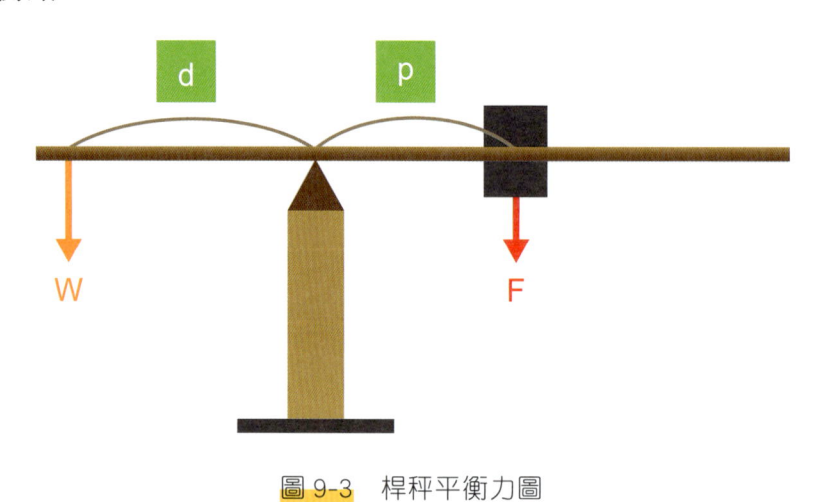

圖 9-3 桿秤平衡力圖

當圖 9-3 的砝碼磅秤平衡時，負力矩會等於正力矩，則得到：$F \times p = W \times d$。

4 工程實驗

1. 圖 9-2 砝碼磅秤模型上，把懸掛在秤盤上連結的兩根桿件拿掉，直接把秤盤和軸承相連結，然後再放置物品在秤盤上，試著移動砝碼讓天平達到平衡，比較有桿件和沒有加裝桿件時，哪一個條件下比較容易維持操作平衡狀態，為什麼？

2. 請發揮你的創意，利用手邊的工程積木，及配合生活素材，製作出如右圖中的郵件秤，你能發現關鍵的機構設計在哪裡嗎？

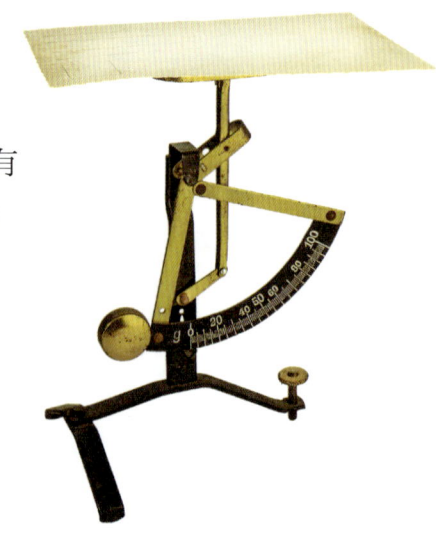

5 實驗結果

1. 有桿件的天平比較容易維持平衡，因為轉動慣量的因素。這就像馬戲團走鋼索表演的人，手上要拿一支長桿的功能是一樣的，如果人是直立站在鋼索上，一旦重心往一側失衡，會沒有反向力矩能拉回來，使用一支長桿，就是能產生一個反向力矩，如果有秤盤，整個重心會變低，就像不倒翁一樣，向一邊傾斜時，反向力距會把它拉回來。

2. 關鍵在雙搖桿機構。在四連桿系統中，若兩側連桿均為擺動運動時，此稱為雙搖桿機構，詳細內容請參考《孩子的第一本工程科學 II—使用 fischertechnik 工程積木學習機構與設計實務》連桿主題。

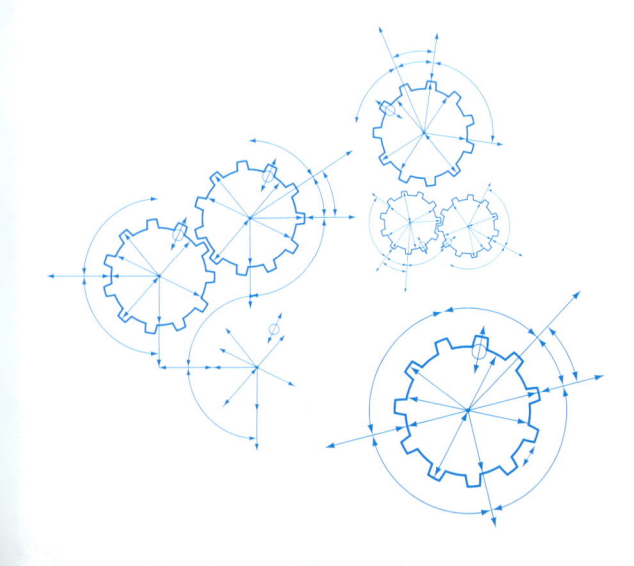

單元 11
滑車

⚙ 學習目標

1. 能瞭解滑車原理
2. 能應用工程積木製作起重滑車模型
3. 能知道滑車的力學原理與分析
4. 能運用零件強化滑車結構
5. 能設計工程實驗流程並歸納結果

1 認識滑車

根據歷史記載，滑輪最早的繪品出現在西元前八世紀的亞述浮雕，畫中呈現的是一種非常簡單的滑輪，主要目的是為了方便施力，並不會有任何的機械利益。古希臘人大約在西元前330年，亞里斯多德在《機械問題》（*Mechanical Problems*）的著作中，其中就有專門研討「複式滑輪」的主題。

滑車組（Pulley block）由具有溝槽的滑輪（Pulley）、輪軸、插銷、繩、鏈及支架組成，如圖 10-1 所示。把滑輪固定在轉軸上，並使用支架立於高處，將繩或鏈條繞過滑輪的凹槽，另一端用人力或馬達拉繩索，使得物體可以被拉升或放下。

圖 10-1　滑車

2 積木寫生─滑車

請參考下列步驟，依序完成滑車模型製作。

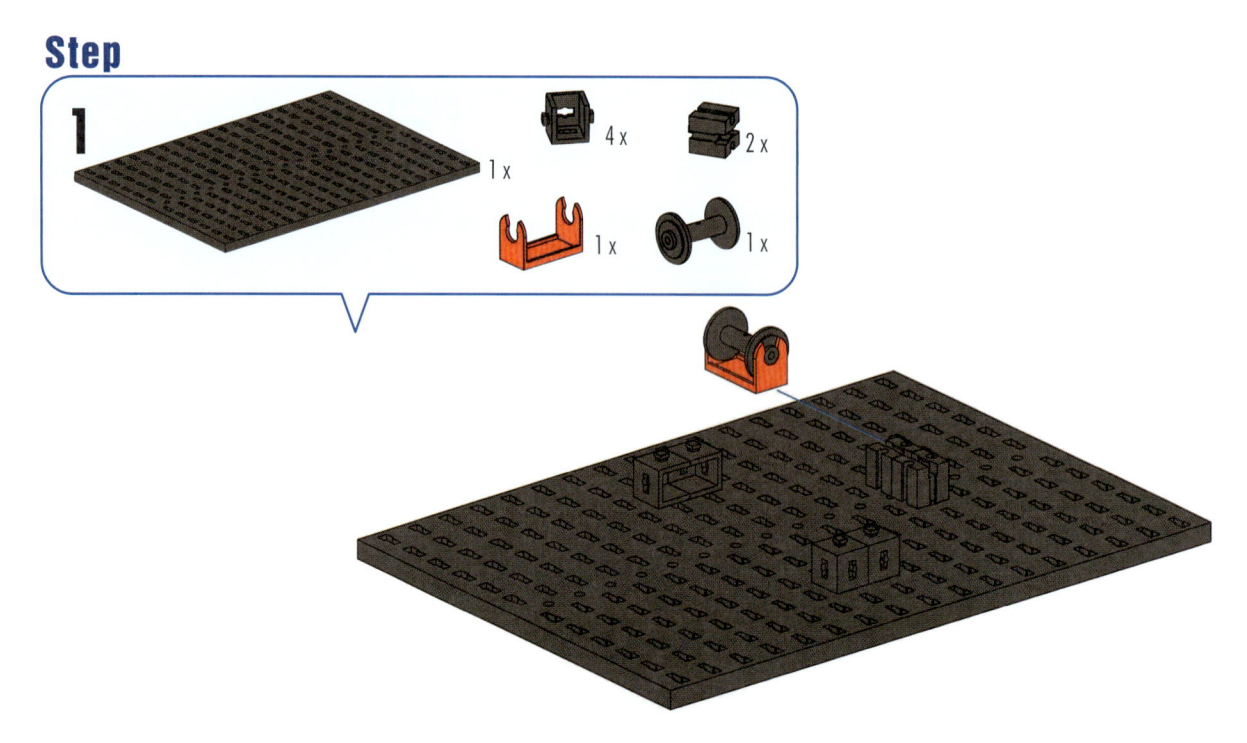

Step 1

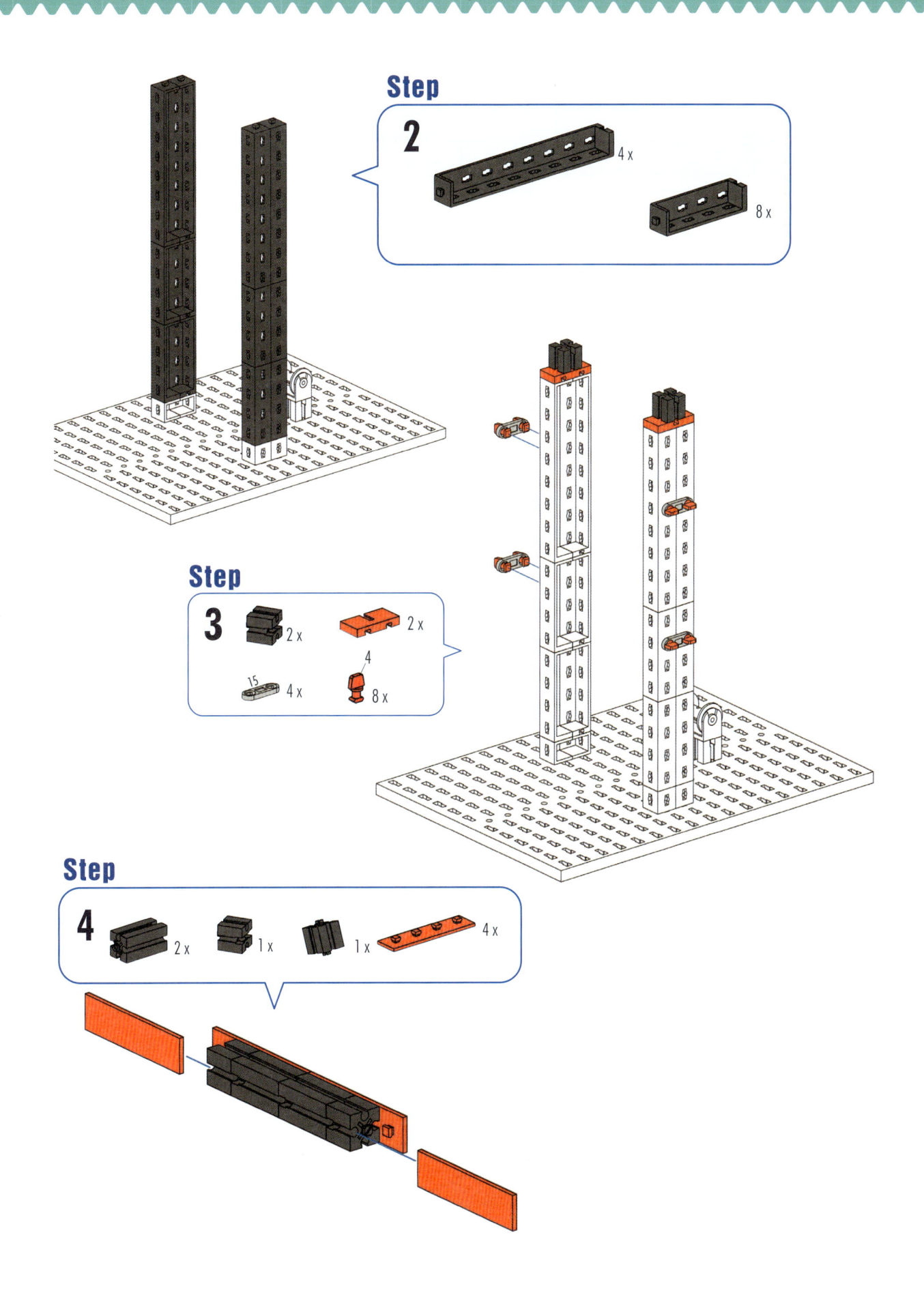

單元 11　滑車　95

Step 2　4x　8x

Step 3　2x　2x　4x　8x

Step 4　2x　1x　1x　4x

Step 5 2x 1x 2x

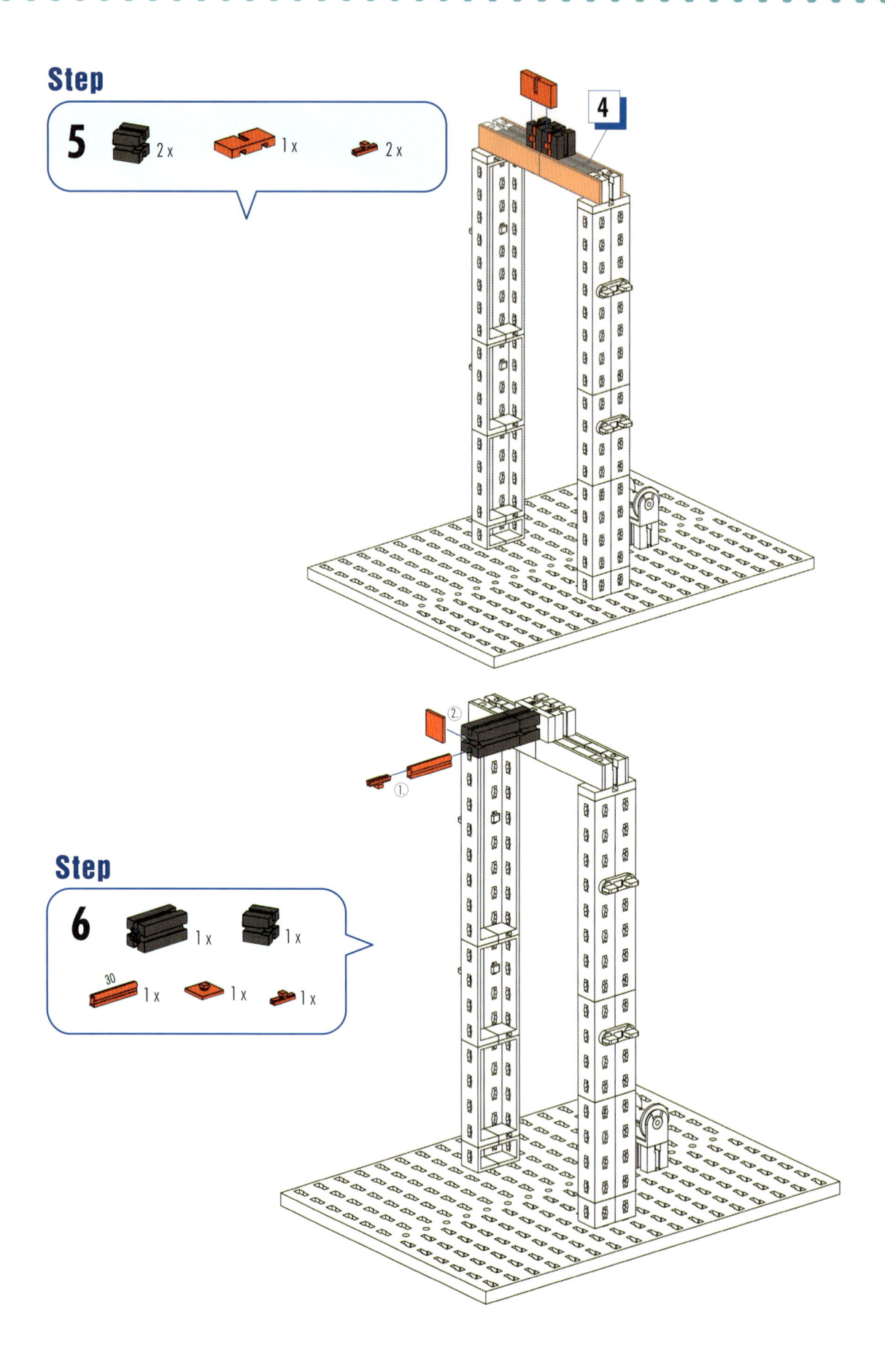

Step 6 1x 1x 30 1x 1x 1x

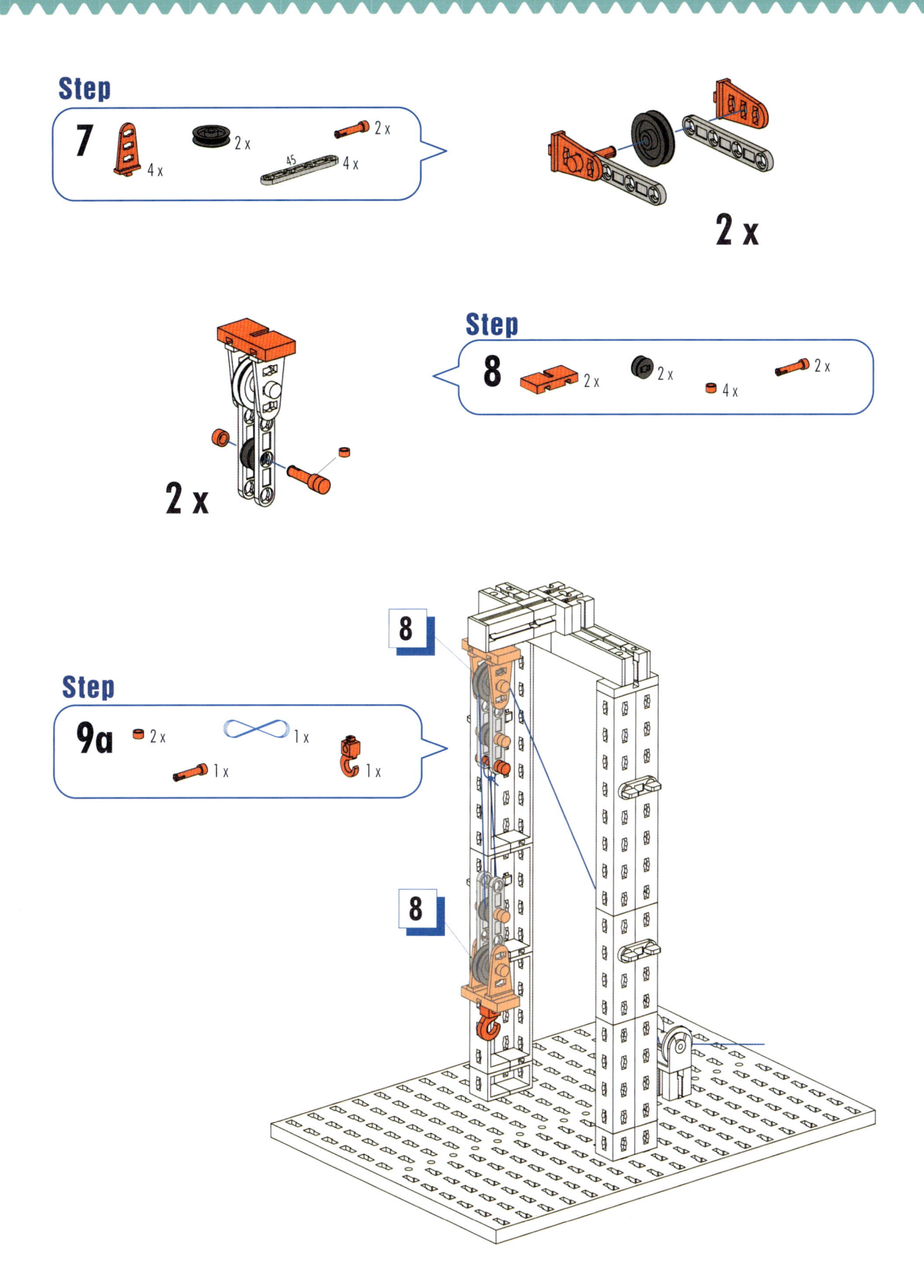

單元 11　滑車　97

Step 7
- 4 x
- 2 x
- 45　4 x
- 2 x

2 x

Step 8
- 2 x
- 2 x
- 4 x
- 2 x

2 x

Step 9a
- 2 x
- 1 x
- 1 x
- 1 x

Step 9b ● 2x ∞ 1x 🔩 1x

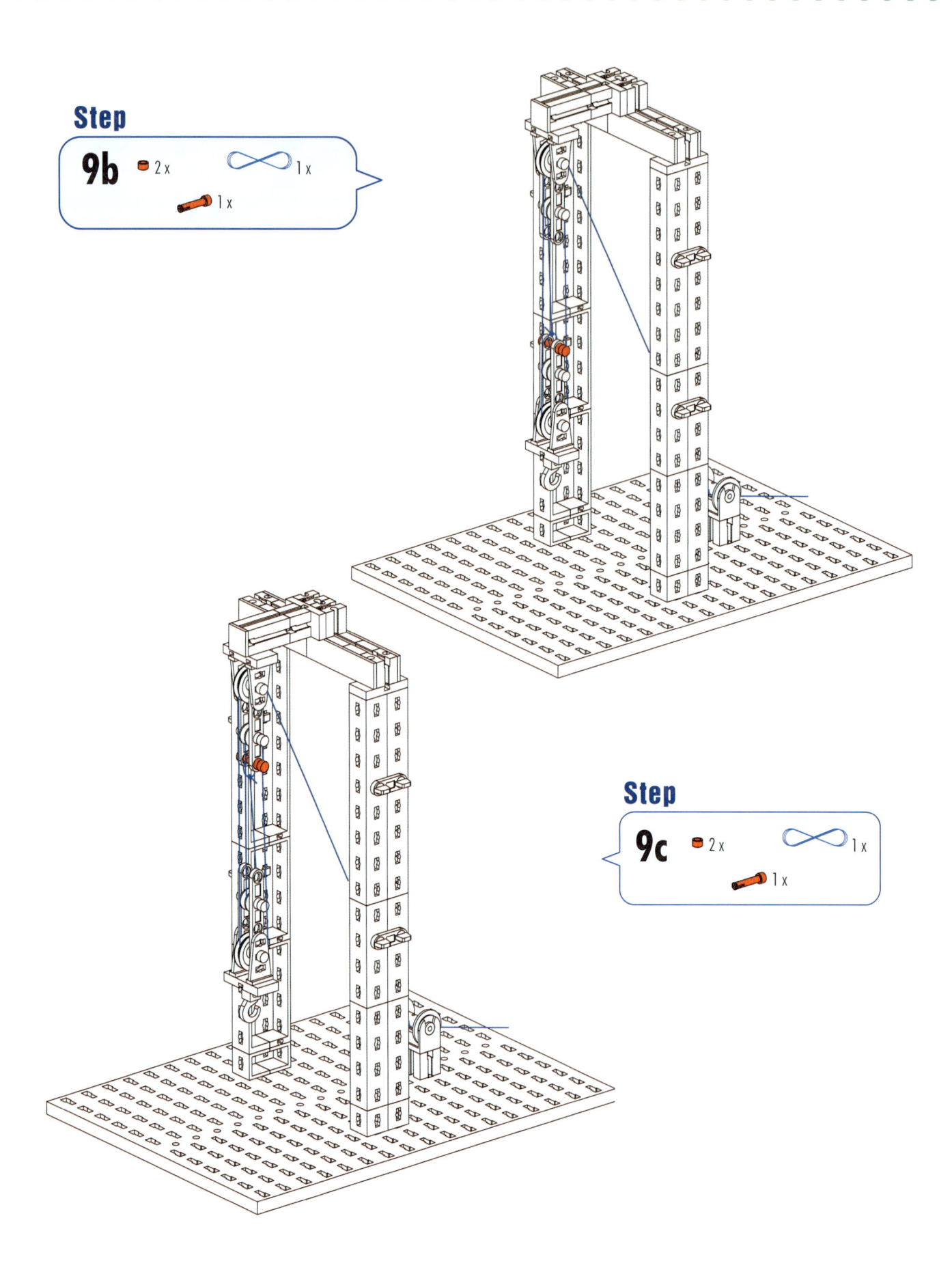

Step 9c ● 2x ∞ 1x 🔩 1x

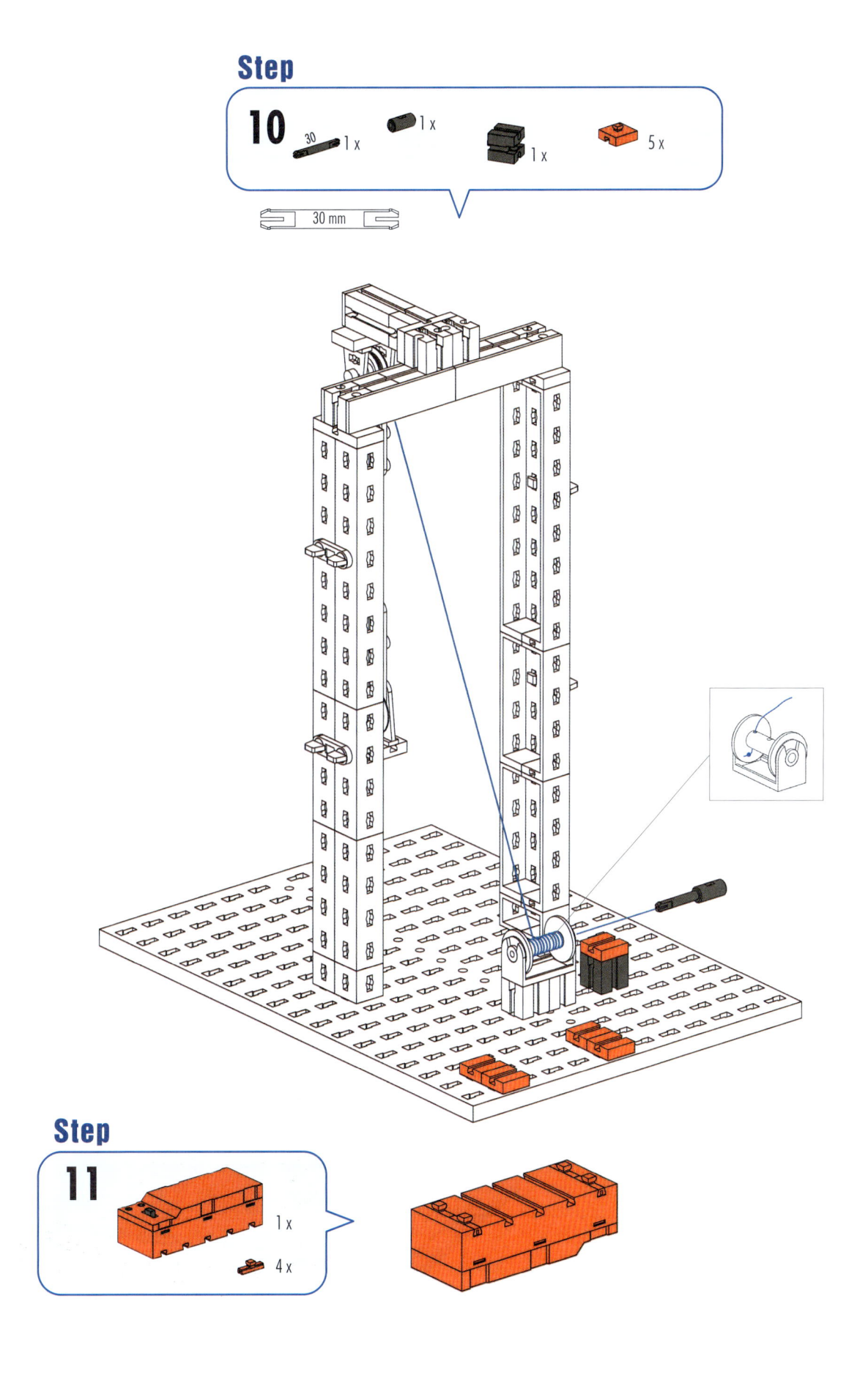

單元 11 滑車 99

Step 10

30　1x　　1x　　1x　　5x

30 mm

Step 11

1x
4x

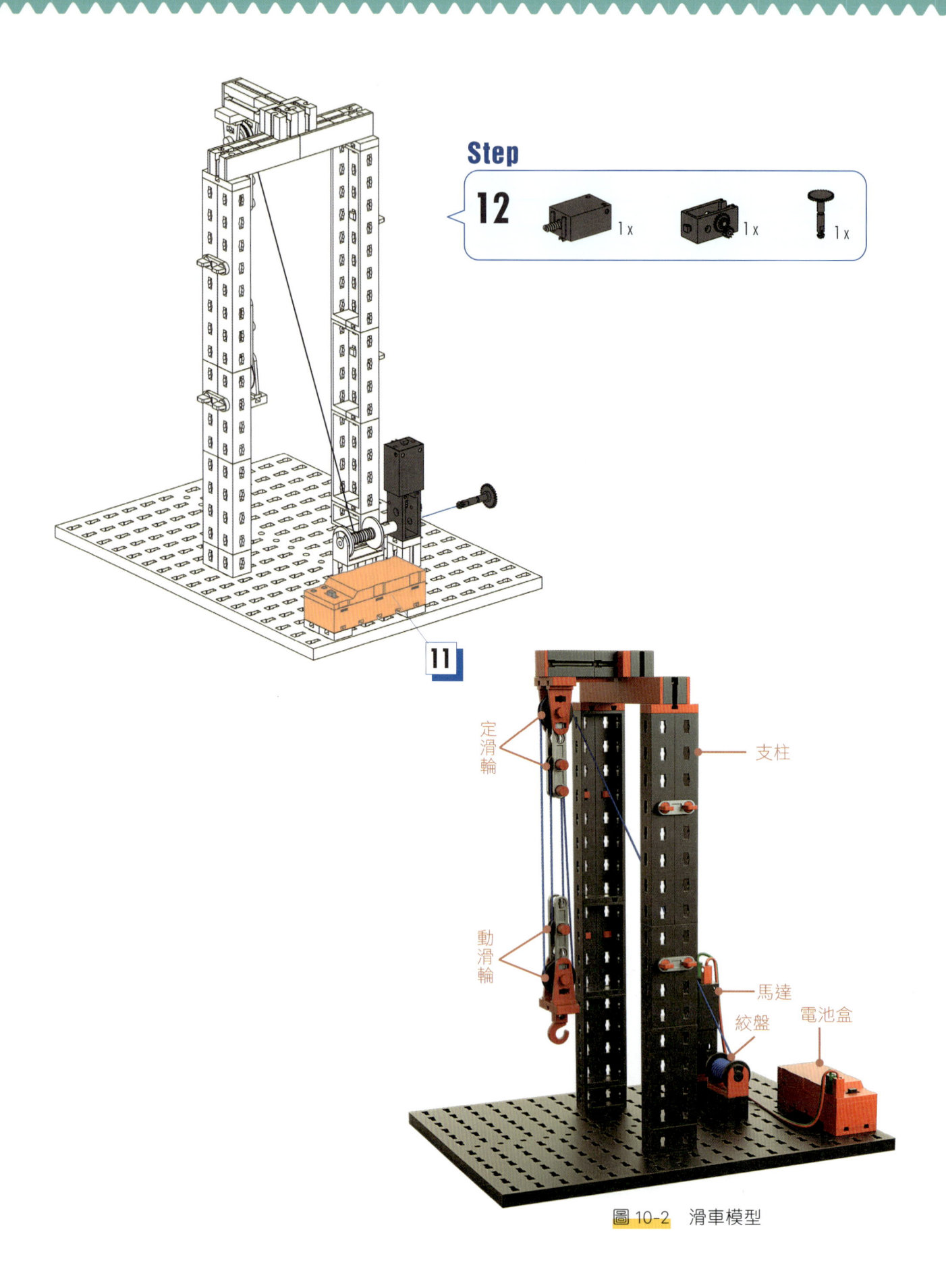

100　孩子的第一本工程科學 I
　　──使用 fischertechnik 工程積木學習結構與設計實務

Step 12　1x　1x　1x

圖 10-2　滑車模型

定滑輪
動滑輪
支柱
馬達
絞盤
電池盒

3 滑車力學分析

　　滑輪是槓桿原理（Lever principle）的應用，在整個滑車機構中，必須先瞭解滑輪與槓桿的關係，如表 10-1、圖 10-3，和表 10-2 所示及說明。滑輪依功能不同，可分為定滑輪、動滑輪及滑輪組（複式滑輪）。

表 10-1　各式滑輪的操作模型

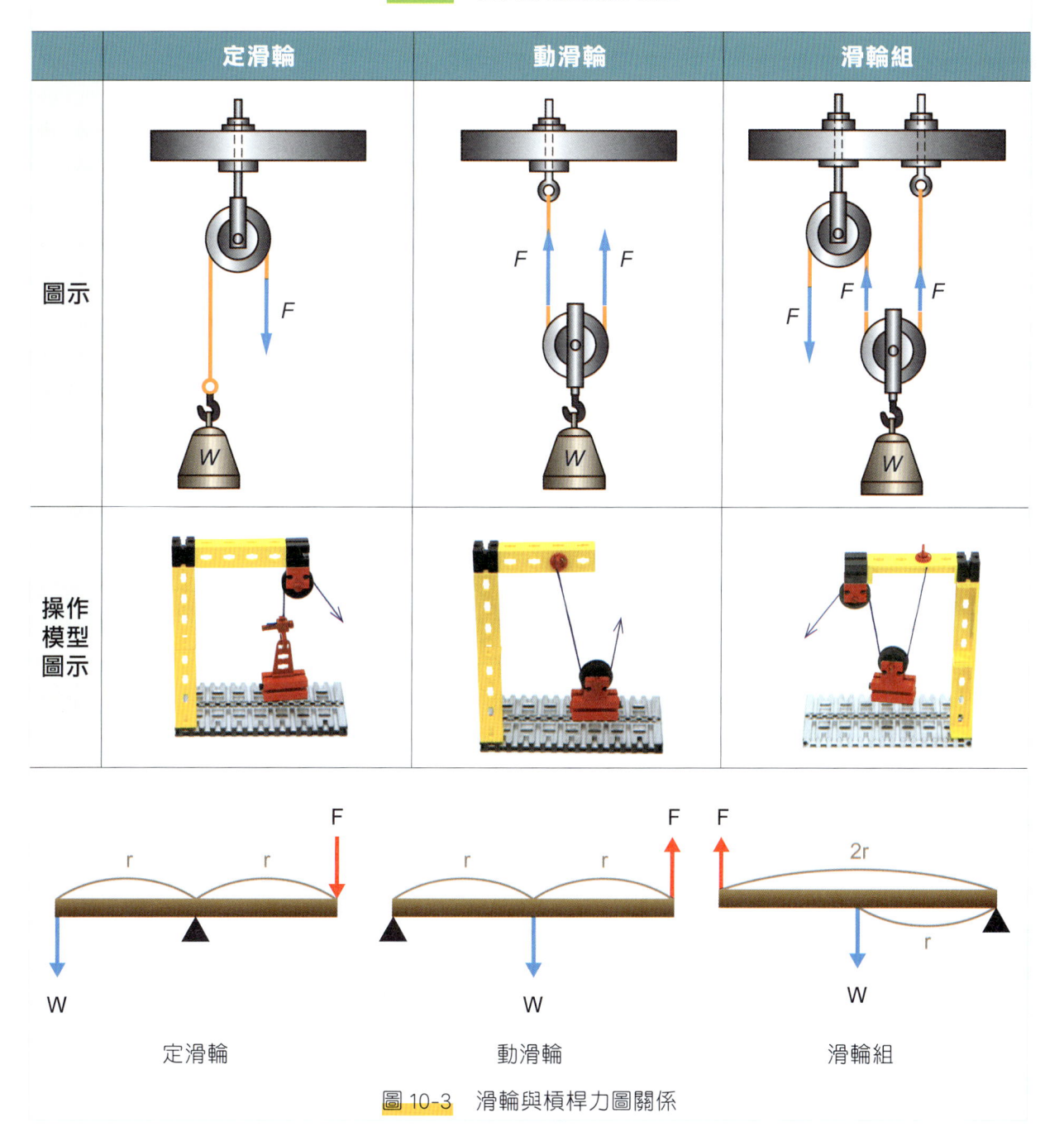

	定滑輪	動滑輪	滑輪組
圖示			
操作模型圖示			

圖 10-3　滑輪與槓桿力圖關係

表 10-2　各式滑輪特色整理表格

種類	定滑輪	動滑輪	滑輪組
功能	1. 定滑輪是第一類槓桿原理的應用，支點在圓心，也就是施力臂等於抗力臂，因此定滑輪無法省力，但可改變施力的方向，及方便操作。	1. 從對應的力圖發現，無法改變施力的方向，但可省一半的力，但被吊重之物體上升速度慢，費時一倍。	1. 滑輪組由定滑輪及動滑輪組成，所以可改變施力的方向，也同時可以省力。
	2. 圖 10-3 定滑輪中，$F \times r = W \times r$ 得到：$F = W$ 機械利益 $M = \dfrac{W}{F} = 1$	2. 圖 10-3 動滑輪中，$F \times 2r = W \times r$ 得到：$F = \dfrac{W}{2}$ 機械利益 $M = \dfrac{W}{F} = \dfrac{2F}{F} = 2$	2. 圖 10-3 滑輪組中，$F \times 2r = W \times r$ 得到：$F = \dfrac{W}{2}$ 機械利益 $M = \dfrac{W}{F} = \dfrac{2F}{F} = 2$

4 工程實驗

1. 為什麼利用自己設計的滑輪組吊重滑車模型，施力 F 不會等於負重的一半（1/2W），而是略大於 1/2W 呢？會有那些影響因素？

2. 圖 10-2 的滑車，假設向下拉動繩索位移 100 公分，物體會上升 25 公分，如果物重為 8 牛頓（N），此時作功多少焦耳？

3. 小牛想要利用如右圖示的滑輪組拉起重量 W 的物體，若不計滑輪的質量與摩擦力作用，小牛施力多少時，恰可拉住物體使系統達到平衡？此時 A 繩與 B 繩張力各為多少 W？

    (1) A 繩的張力 $T_1 = $ ？
    (2) B 繩的張力 $T_2 = $ ？
    (3) 小牛的施力 $F = $ ？

4. 承上題與圖示，物重為 3000N，小牛使物體每秒上升 2 公尺，摩擦阻力與滑輪質量皆不計，所消耗之功率為多少？

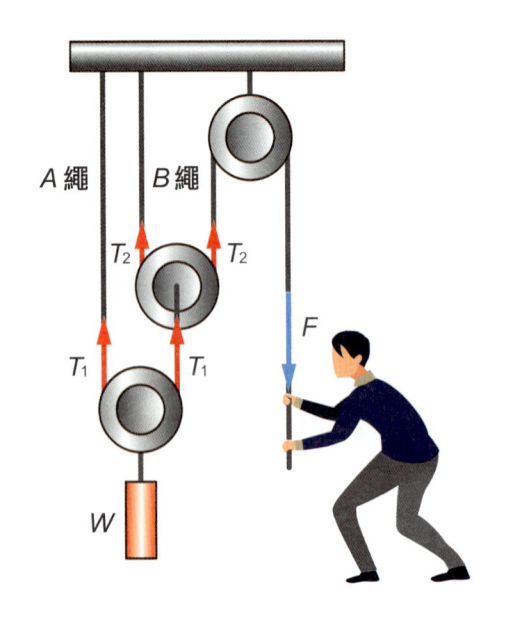

5 實驗結果

1. 在高中以下的物理提到滑輪時，會假設繩索與滑輪之間的摩擦力（f）為零，質量（m）不計。表 10-2 中的內容，是基於這兩個條件之下才成立的，若計摩擦力，則使用定滑輪時，F 恆大於 W；若計入 m，則需考慮轉動慣量，又稱慣性矩，係指一個物體對於旋轉運動的慣性。

2. 可以利用功能原理解決這個問題。

> **功（W）= 作用力（F）× 物體沿作用力方向的位移（S）**

 單位如下說明：

 (1) 焦耳（J）：1 牛頓的外力作用於物體時，若物體沿作用力方向位移 1 公尺，則此外力對物體作功大小為 1 焦耳，即 $1N \times 1m = 1J$。

 (2) 功的單位與能量的單位相同。
 所以作功 = $8N \times 0.25m$ = 2 焦耳

3. 小牛施力 F 於 B 繩時，B 繩亦施一反作用力於小牛，此時 B 繩的張力 T_2，故 $F = T_2$。

 (1) 以物體與下方滑輪為系統，可得 $2T_1 = W$，則 $T_1 = \dfrac{W}{2}$

 (2) 由中間的滑輪可觀察出 $T_1 = 2T_2$，則 $T_2 = \dfrac{T_1}{2} = \dfrac{\frac{W}{2}}{2} = \dfrac{W}{4}$

 (3) $F = T_2 = \dfrac{W}{4}$

4. 單位時間所做的功，稱為功率（Power），單位為瓦（W），瓦的單位比較小，生活或工業上常用千瓦（kW）做功率的單位。

$$P = \dfrac{W}{t}（焦耳/秒）= \dfrac{FS}{t} = FV$$

$$\begin{aligned} P &= F \times \dfrac{V}{1000} \\ &= 3000 \times \dfrac{2}{1000} \\ &= 6(kW) \end{aligned}$$

 功率的單位稱為瓦特，是為了紀念十八世紀發明蒸汽機的工程師瓦特（James Watt, 1736～1819）所制定。

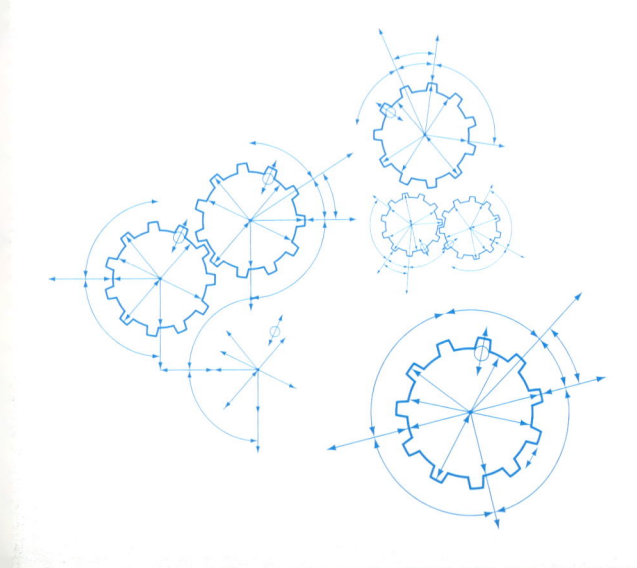

104　孩子的第一本工程科學 I
　　—使用 fischertechnik 工程積木學習結構與設計實務

單元 12
塔式起重機

⚙ 學習目標

1. 能瞭解塔式起重機原理
2. 能應用工程積木製作塔式起重機模型
3. 能知道塔式起重機的力學原理與分析
4. 能設計不同種類的起重機
5. 能設計工程實驗流程並歸納結果

1 認識塔式起重機

塔式起重機（Tower crane）常見於建築工地，它的設計是塔身直立，起重臂水平安裝在塔身頂部，而且可以 360 度迴轉，具有很大的工作空間，吊重高度大，能夠有效完成重物的垂直與水平運輸，被廣泛應用在高樓層的吊重環境中。

塔式機構可分為固定和移動式兩種，另外再配合有塔身固定，只是塔頂迴轉（上迴轉），如圖 11-2 所示，和整個塔身都作迴轉（下迴轉）的機構設計。

圖 11-1　塔式起重機（上迴轉）

圖 11-2　吊鉤

起重機吊鉤的質量很大，這樣即便在沒有吊重的情況下，吊索仍可以保持鉛直。

配重

這是在歐美地區常見到的塔式起重機外觀，配重物被放置在底部。

圖 11-3　塔式起重機

2 積木寫生—塔式起重機

請參考下列步驟,依序完成塔式起重機模型製作。

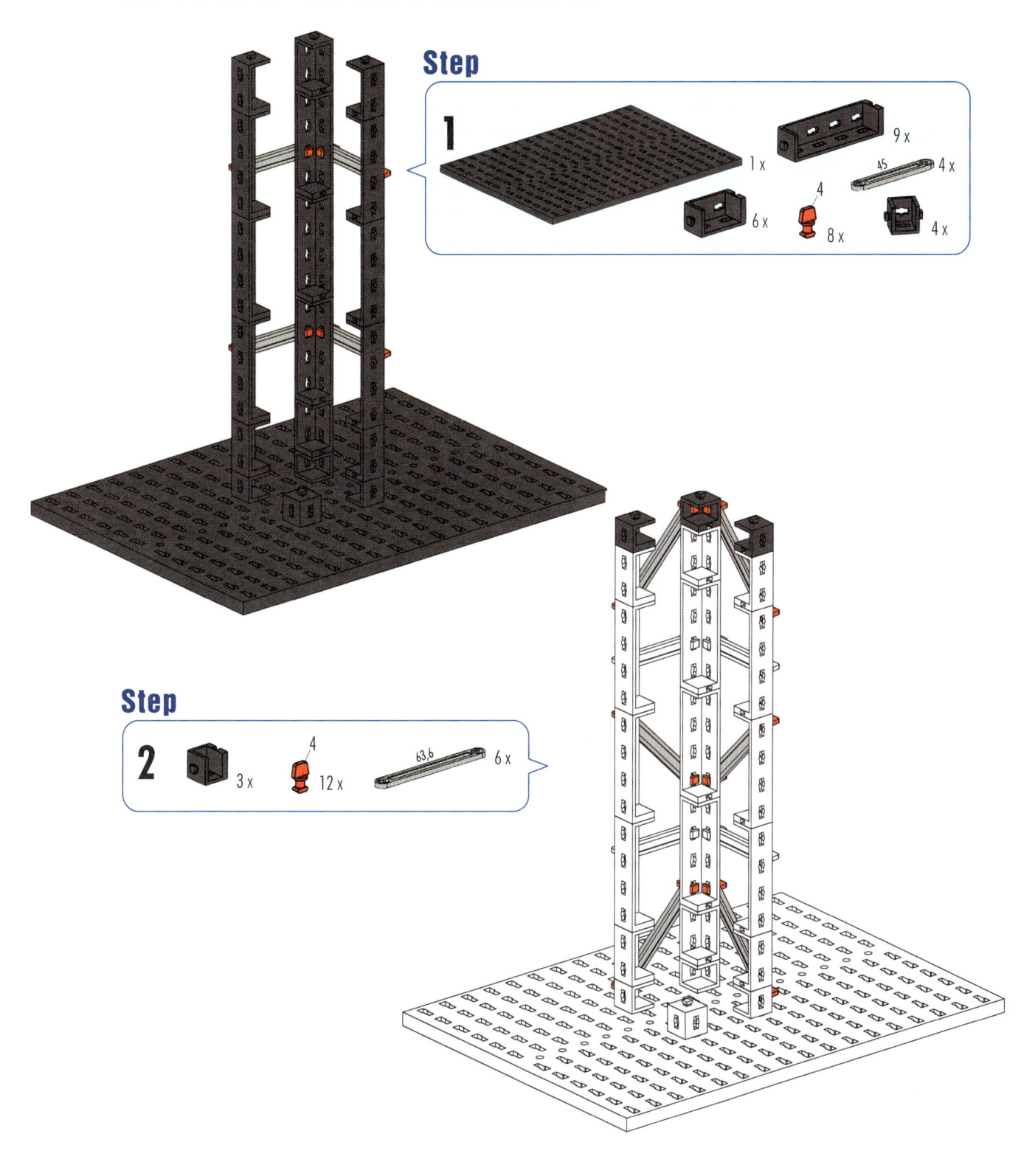

Step 1

1 x, 9 x, 45 4 x, 6 x, 4 8 x, 4 x

Step 2

3 x, 4 12 x, 63,6 6 x

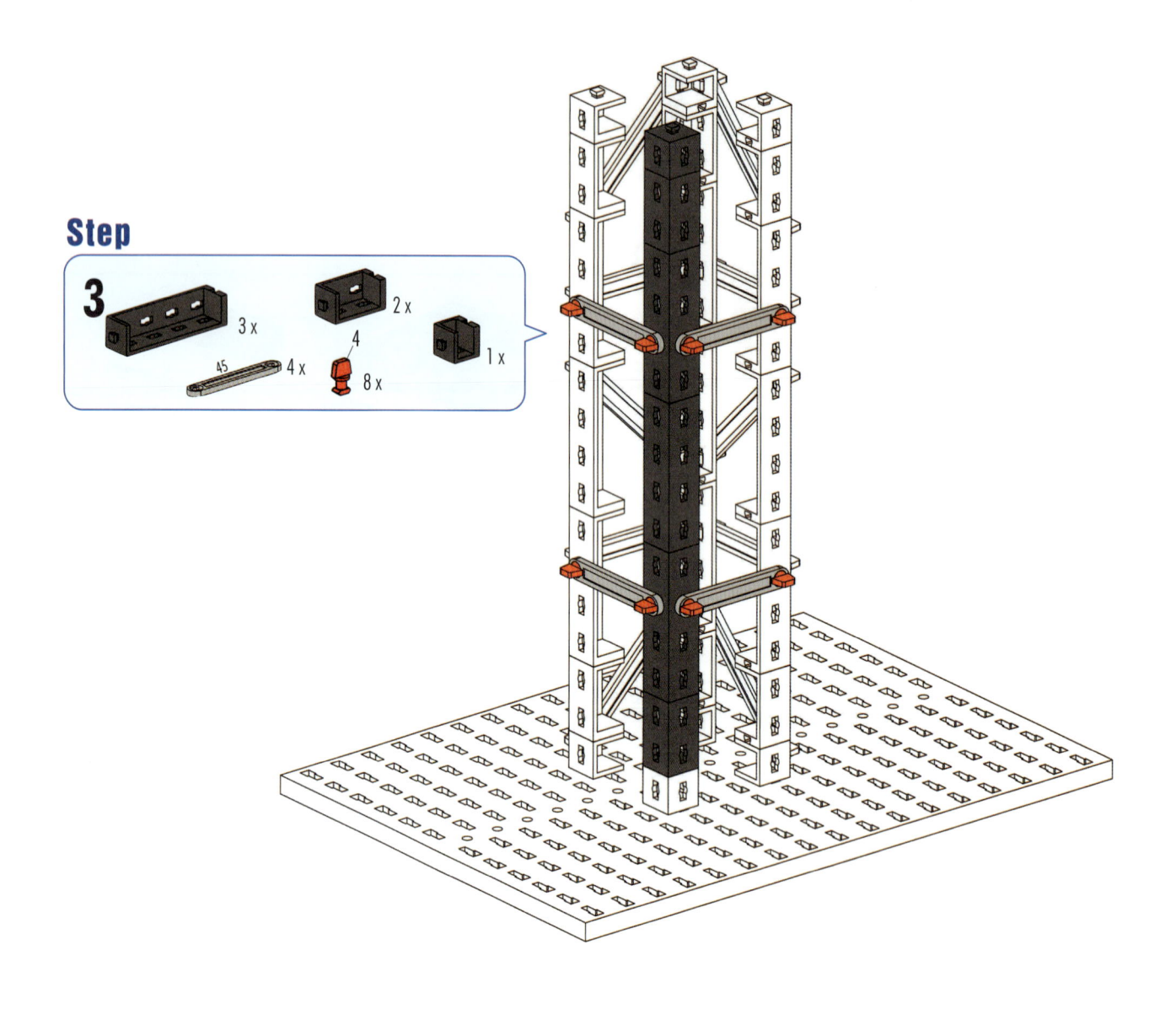

108　孩子的第一本工程科學 I
　　─使用 fischertechnik 工程積木學習結構與設計實務

Step 3

3 x
2 x
4
1 x
45　4 x
8 x

Step 4

1 x
1 x
1 x
1 x

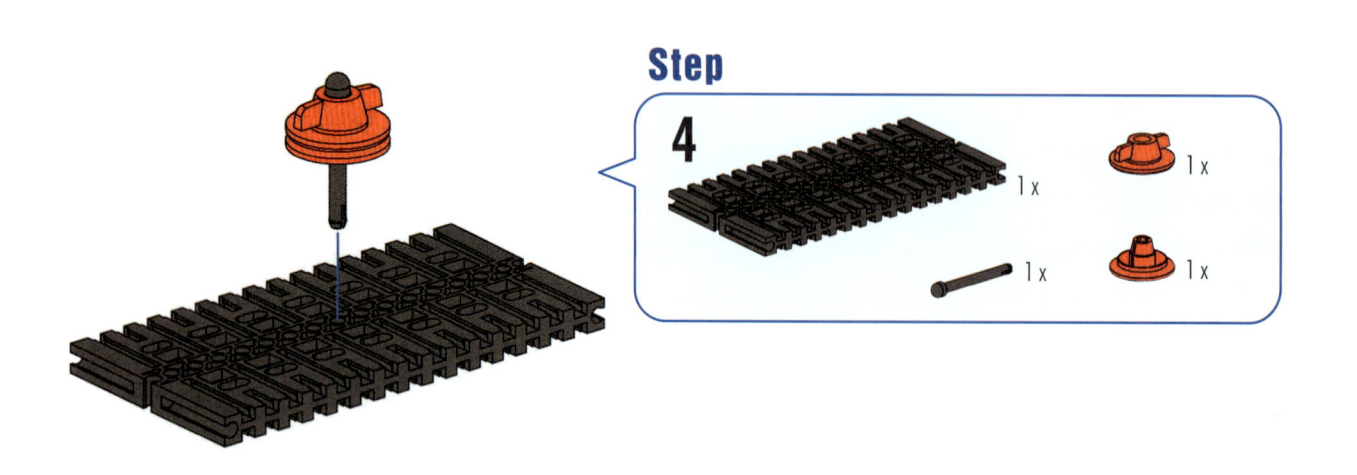

單元 12　塔式起重機　109

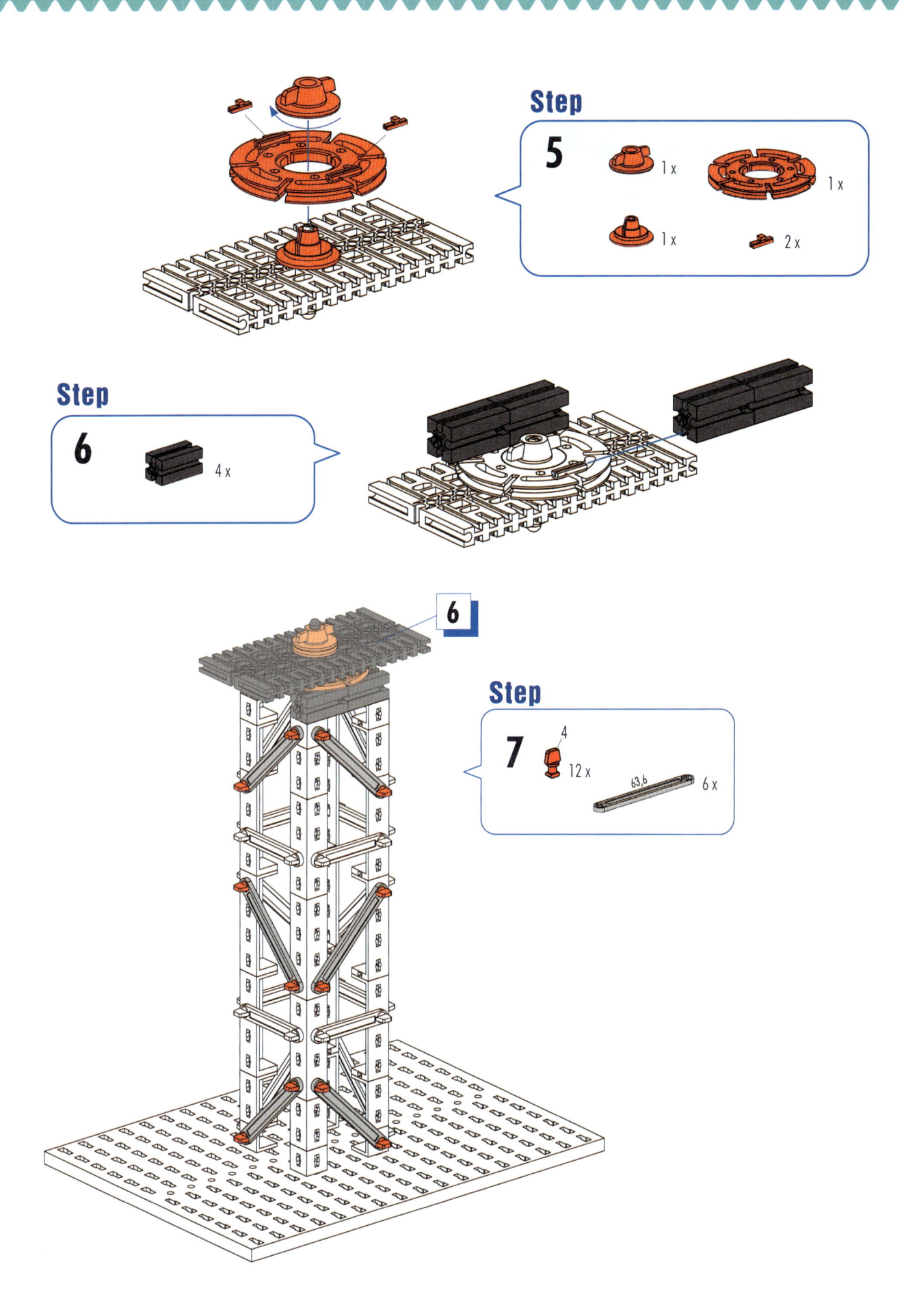

Step 5
1x　1x　2x

Step 6
4x

Step 7
4
12x　　63,6　6x

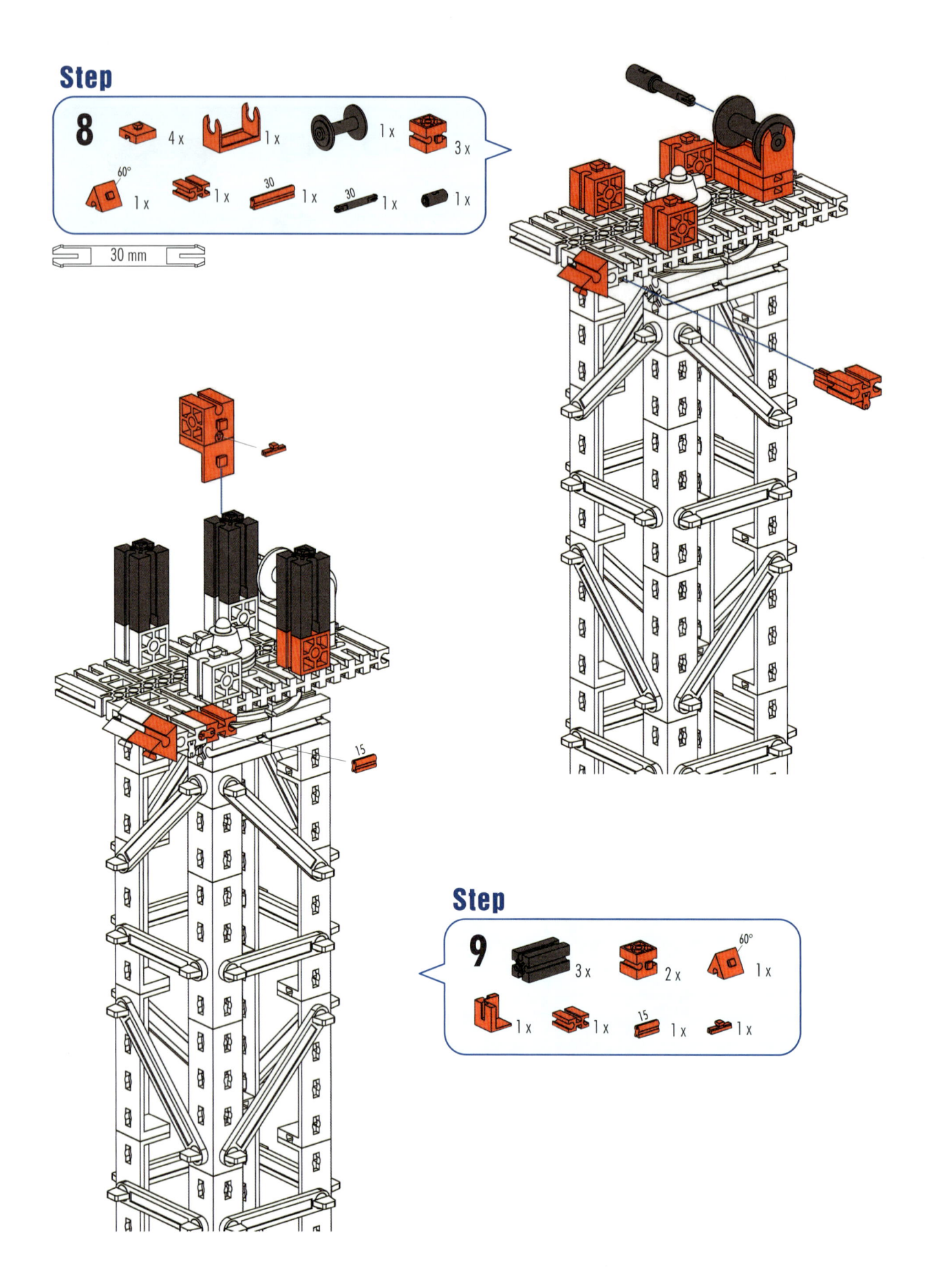

110 孩子的第一本工程科學 I
──使用 fischertechnik 工程積木學習結構與設計實務

Step 8

- 4x
- 1x
- 1x
- 3x
- 60° 1x
- 1x
- 30 1x
- 30 1x
- 1x

30 mm

Step 9

- 3x
- 2x
- 60° 1x
- 1x
- 1x
- 15 1x
- 1x

15

單元 12 塔式起重機 111

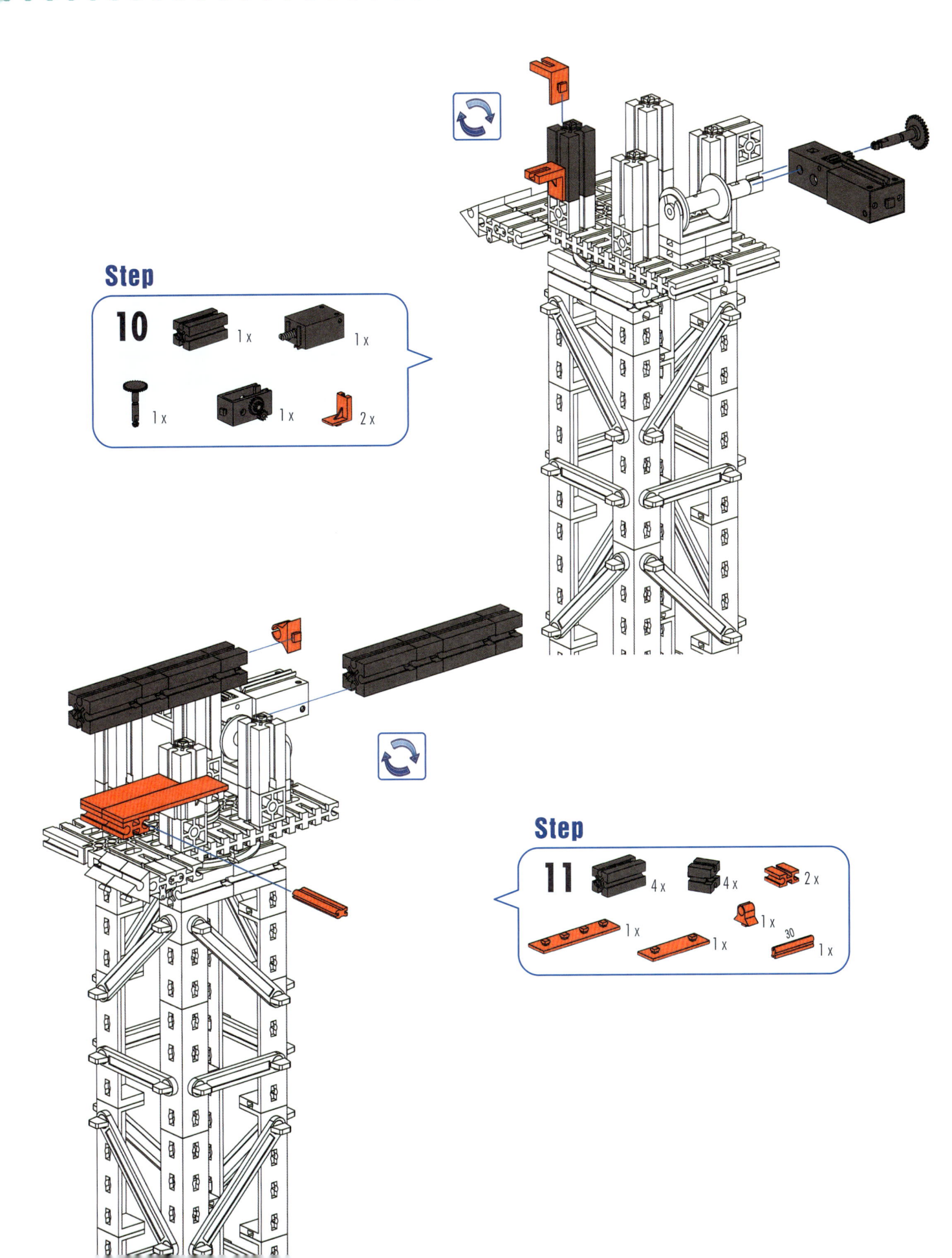

Step 10

Step 11

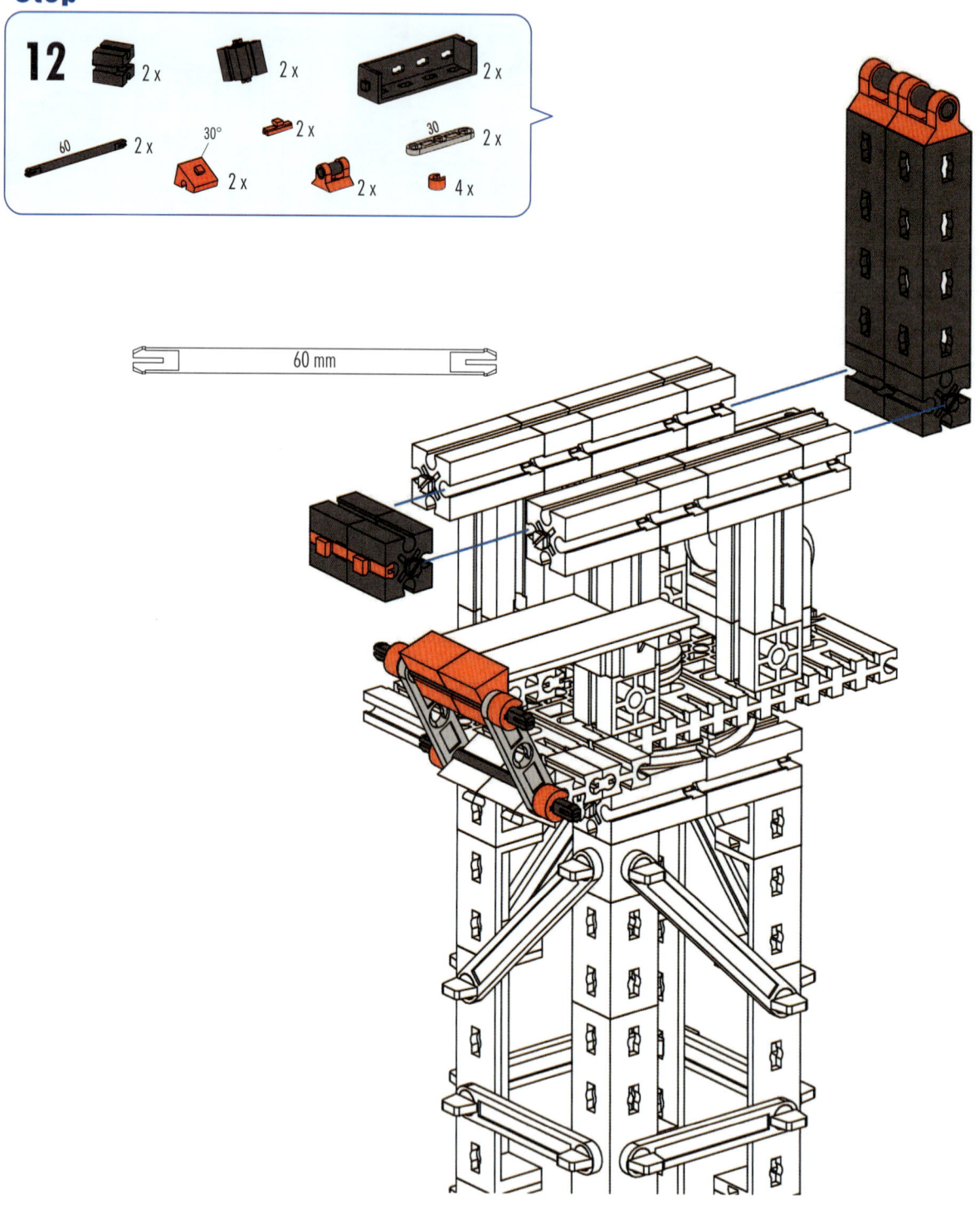

Step

12 2x 2x 2x

60 2x 30° 2x 2x 30 2x
        2x   2x   4x

60 mm

單元12 塔式起重機

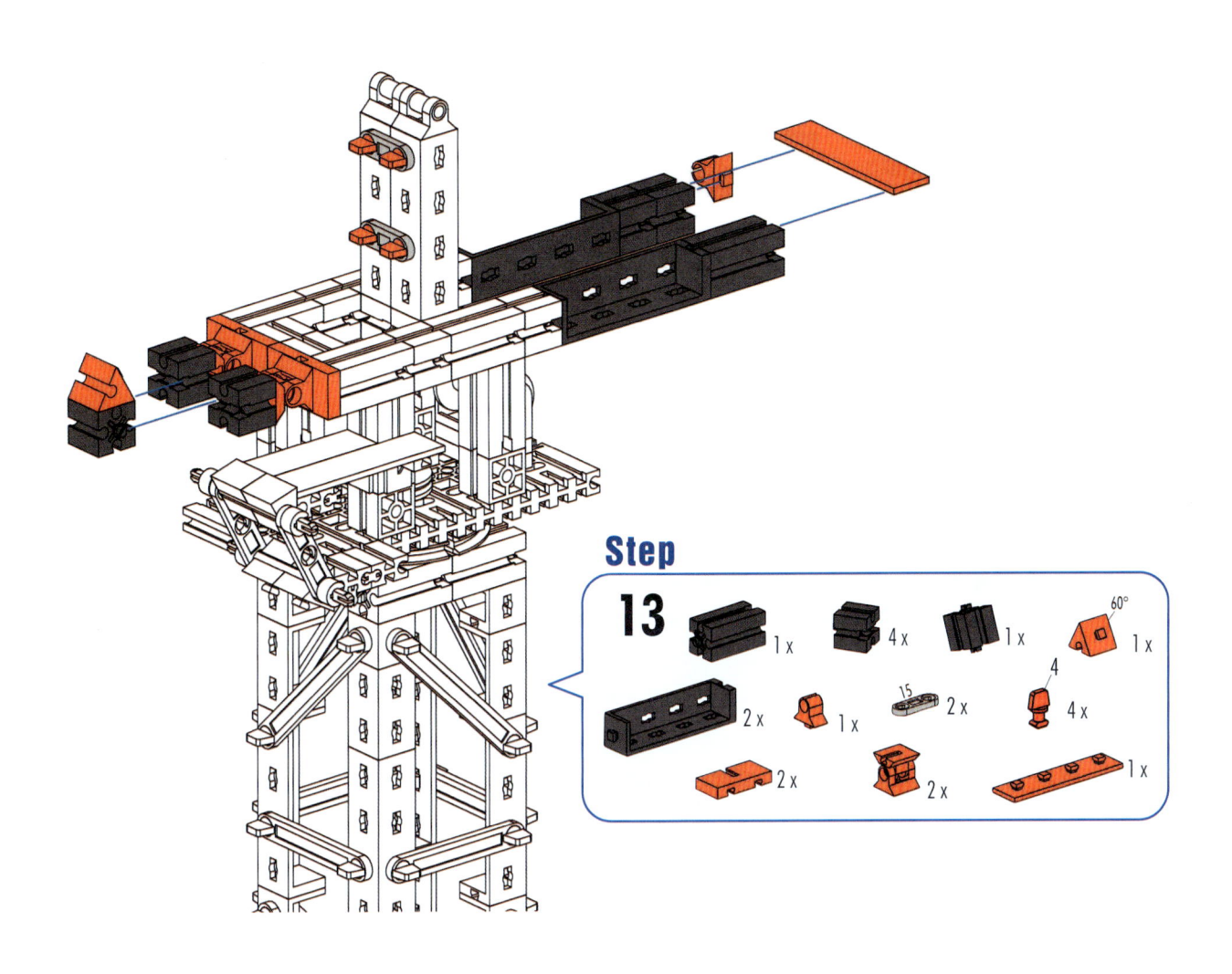

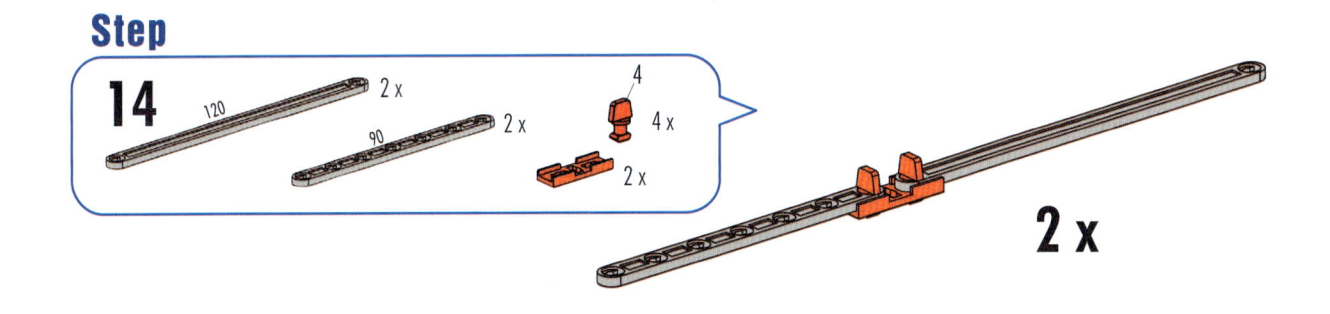

Step 13

Step 14

Step 15

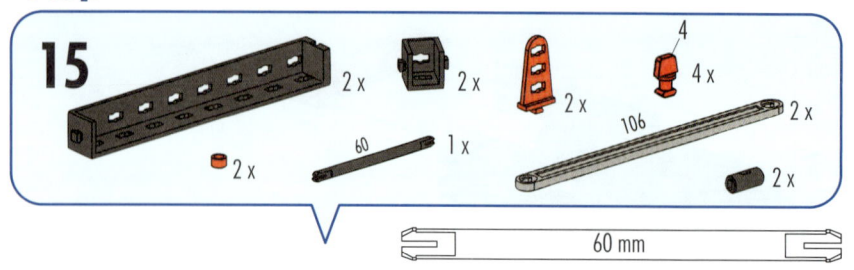

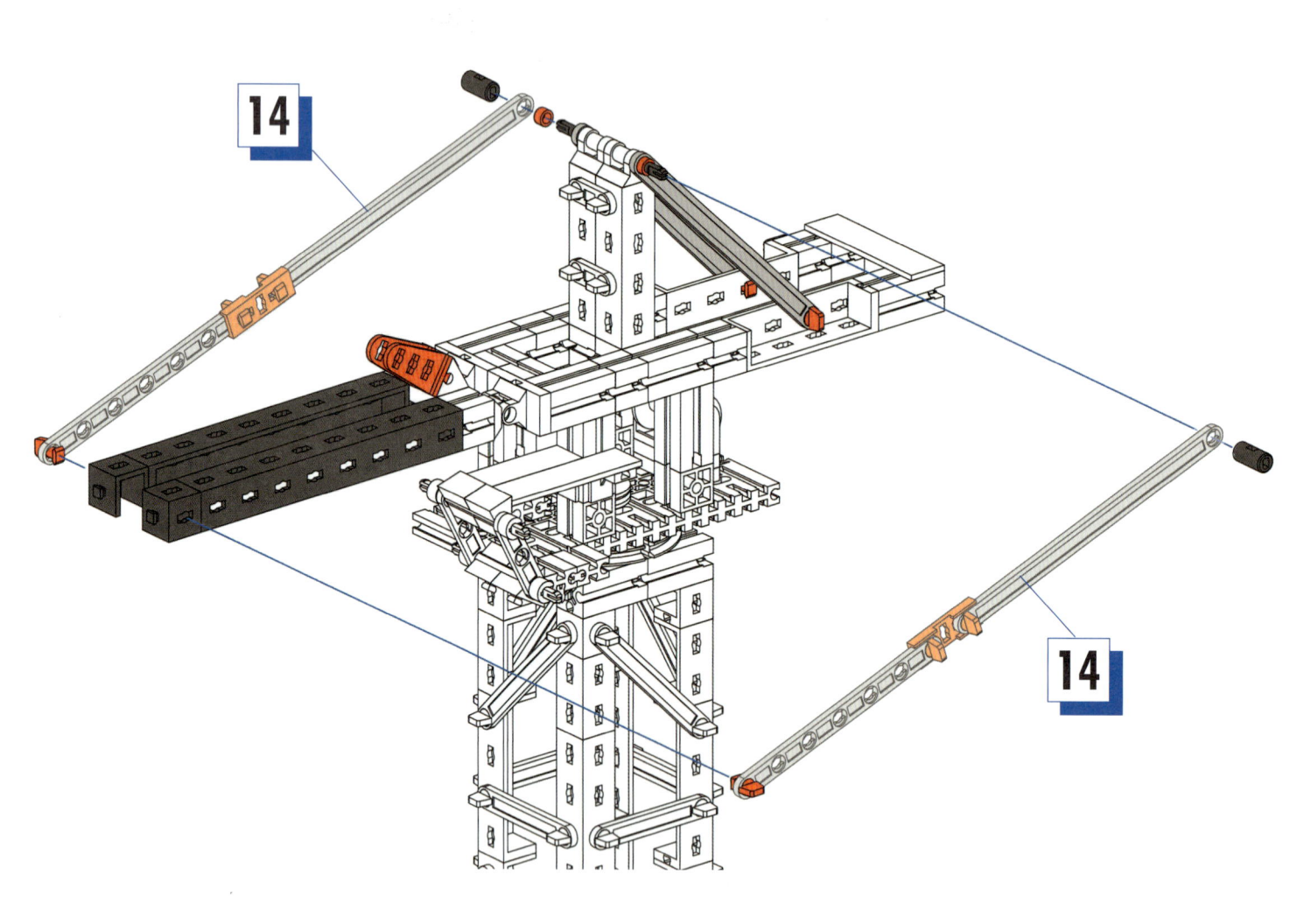

- 2x (beam)
- 2x
- 2x
- 4x (4)
- 2x (106)
- 2x
- 1x (60)
- 2x

|← 60 mm →|

14

14

Step 16

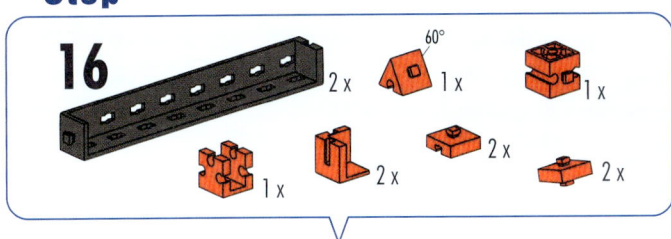

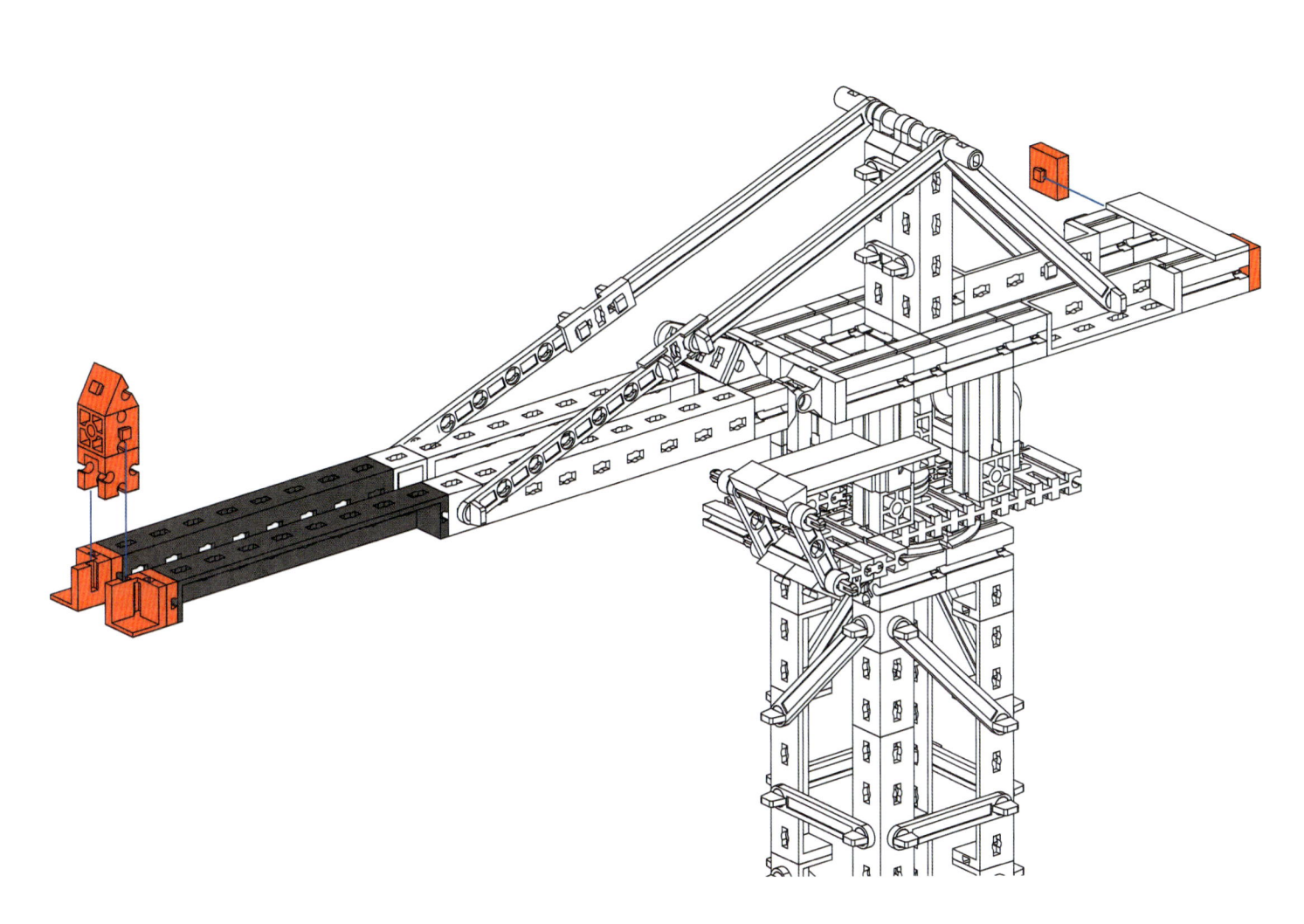

單元 12　塔式起重機

Step 17 1x 4x

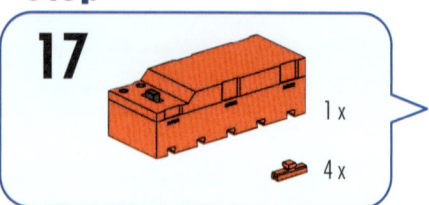

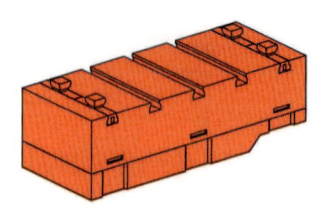

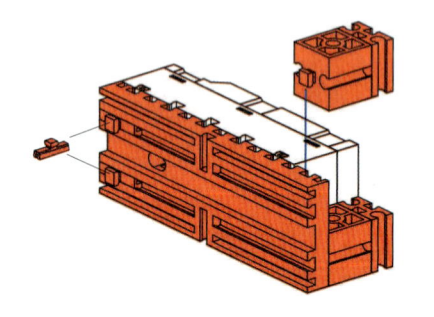

Step 18 1x 2x 2x 2x

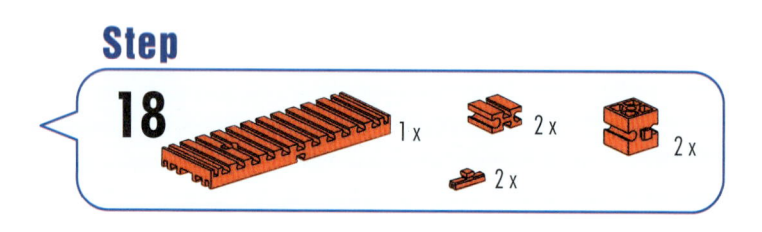

Step 19 1x 2x

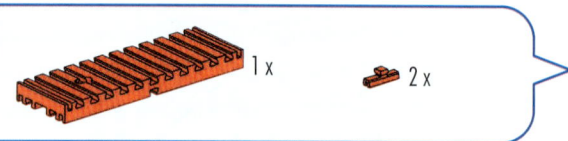

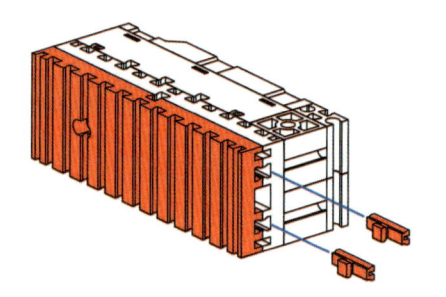

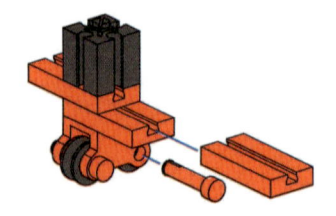

Step 20 1x 3x 1x 2x 2x

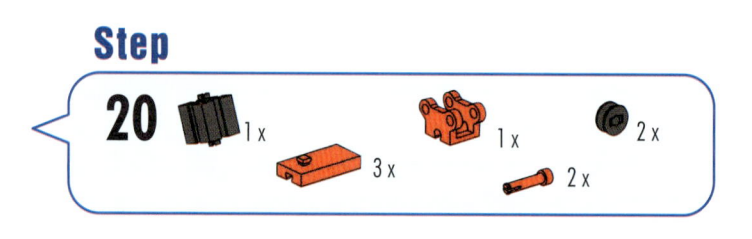

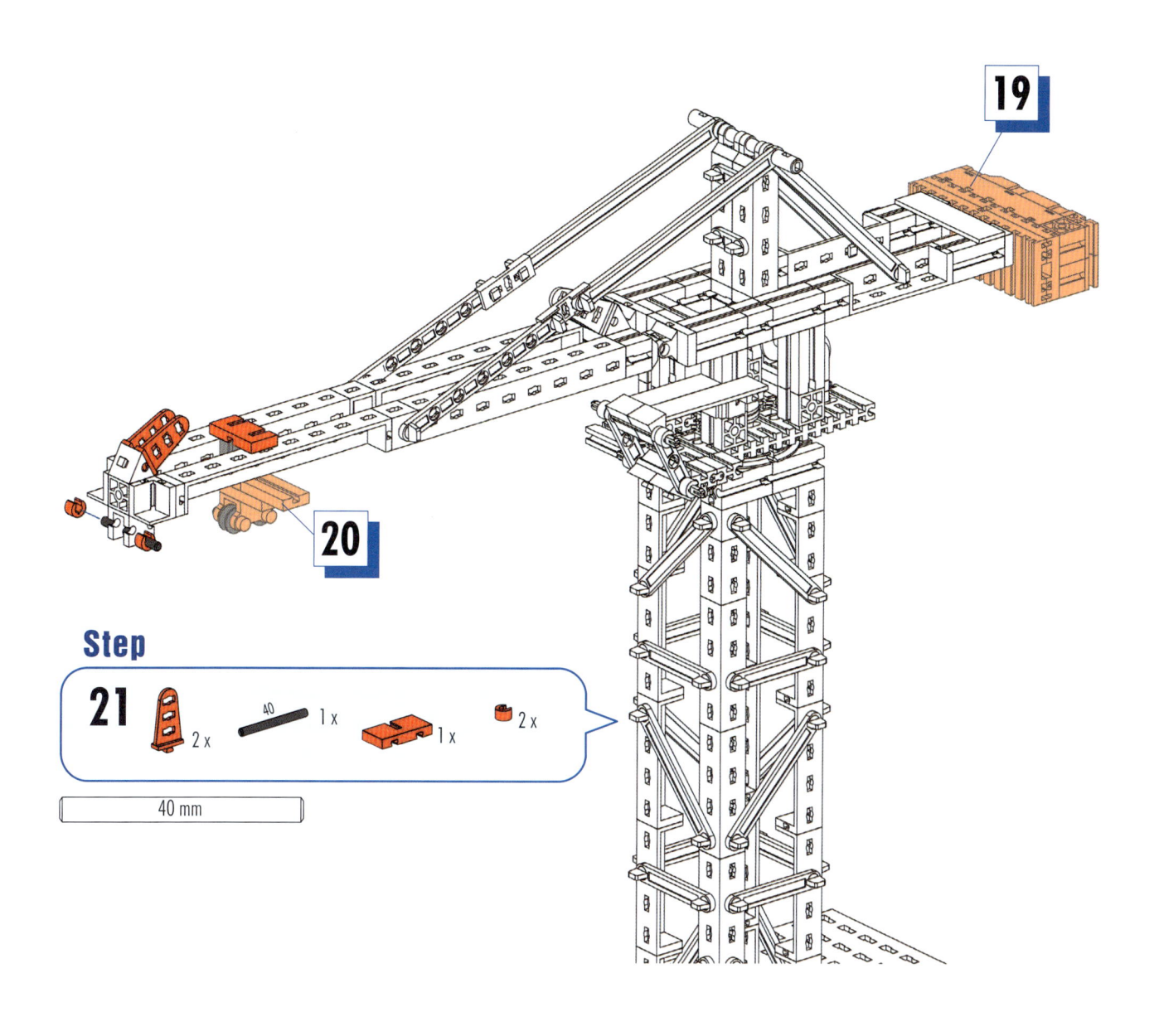

單元12 塔式起重機 117

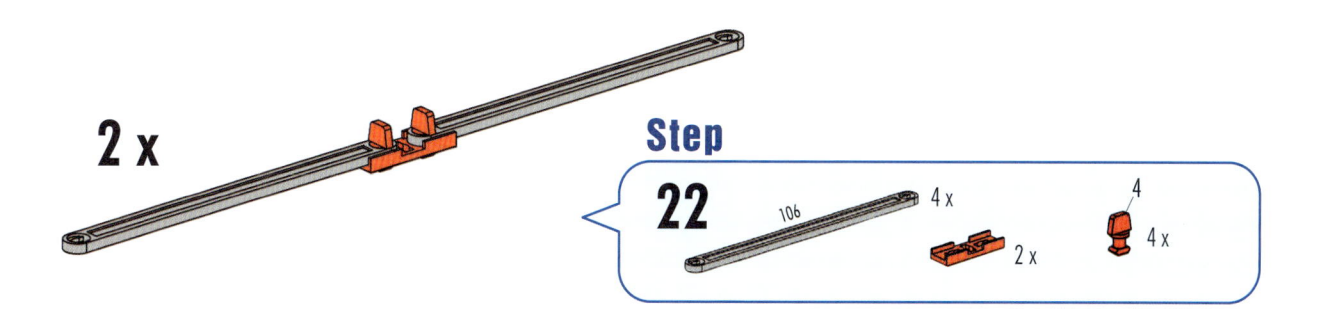

Step 21

40 mm

Step 22

2 x

Step 23

22

單元 12　塔式起重機　119

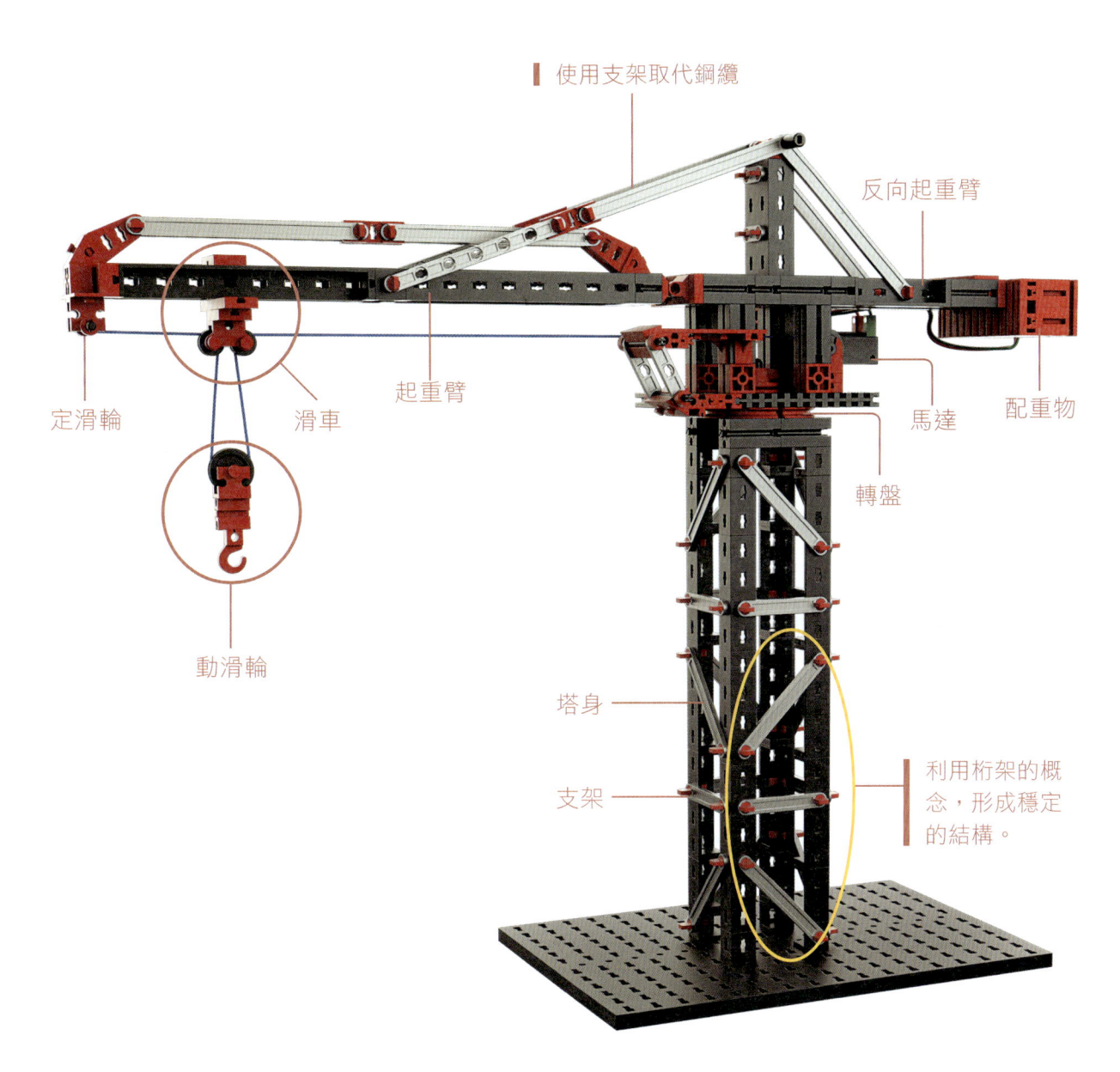

圖 11-4　塔式起重機模型

3 塔式起重機力學分析

塔式起重機整體的平衡其實就是槓桿原理與力矩，如圖 11-4 所示，其中在反向起重臂上放置水泥塊當作配重，最早利用配重的是古埃及人，當時的婦女在尼羅河畔提水，他們在施力臂上放置一個石頭，當在施力臂出力時，石頭也會往下運動，此時產生的合力矩會把裝滿水的水桶抬升起來，能達到省力的效果，如圖 11-5 所示，生活中的電梯配重鐵塊就是省力的應用，如圖 11-6 所示，有些地方使用配重則是為了達到平衡，塔式起重機便是一例。

圖 11-5　使用配重的提水器

圖 11-6　電梯內部的配重塊

在圖 11-4 中，當順時針力矩等於逆時針力矩時，起重機會達到平衡，若吊重導致產生的正力矩太大，則塔身會有翻覆，或造成起重臂斷裂的危險，在設計時，當然會把整個起重機系統的安全係數考慮進去。

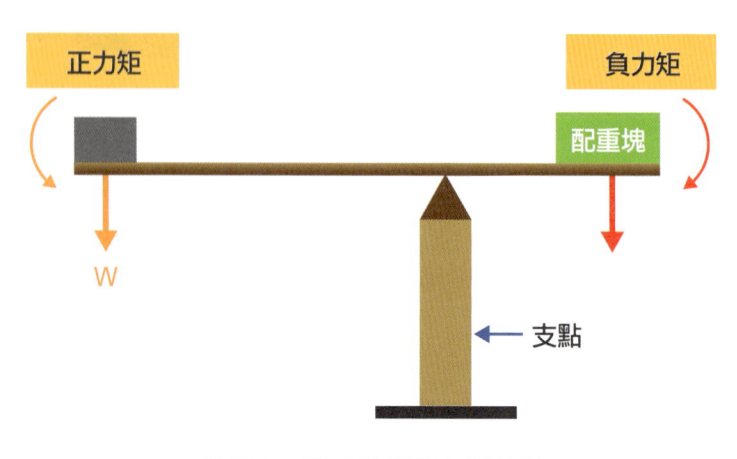

圖 11-7　塔式起重的力學分析

4 工程實驗

1. 比較有無配重時，那一種情形能吊起比較重的物體？把操作板換成圖示的小操作板，把底面積縮小，對吊起物體的重量有影響嗎？

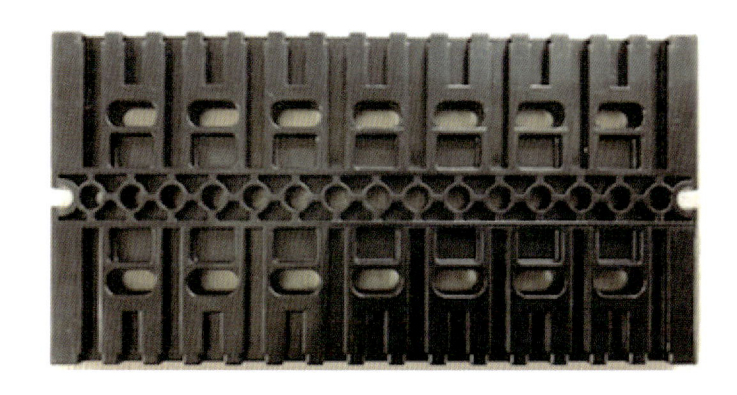

2. 把絞盤上的繩索直接繞過定滑輪，比較一下，和原先繞過動滑輪機構，物體上升速度有一樣嗎？（可使用計時器或配合測量工具觀察）

3. 在圖 11-4 的塔式起重機模型中，反向起重臂與起重臂的設計有什麼不一樣的地方？

5 實驗結果

1. 當配重移除後，如果塔身下方操作板形成的底面積夠大，起重機仍能保持平衡，但重量超過某一個極限便會失去平衡，有裝置配重時，吊起的物體比較重，如果底面積縮小時，配重的功能更為重要。

2. 起重機的設計目的是吊重，不是使物體上升速度快，所以起重機通常都會使用滑輪組。本實驗模型只用了一個動滑輪，在相同的時間，上升距離是定滑輪的一半，因為總位移量會平均分給兩側繩子，這可以從繩子在運動時的位移量觀察出來，當繩子朝施力方向運動了 20 公分，使用動滑輪吊重物，物體只會向上運動 10 公分。

3. 工程實驗 (3) 請大家自行觀察完成。（反向起重臂比起重臂短）

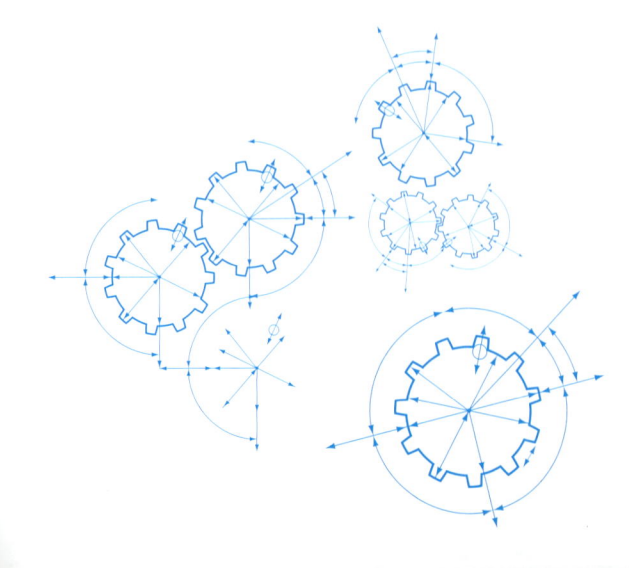

孩子的第一本工程科學 I
使用fischertechnik工程積木
學習結構與設計實務

2020年6月初版

書號 PN039

編　著　者	宋德震
責 任 編 輯	李奇蓁
版 面 構 成	魏怡茹
封 面 設 計	魏怡茹
出　版　者	台科大圖書股份有限公司
門 市 地 址	24257新北市新莊區中正路649-8號8樓
電　　　話	02-2908-0313
傳　　　真	02-2908-0112
網　　　址	tkdbooks.com
電 子 郵 件	service@jyic.net

國家圖書館出版品預行編目資料

孩子的第一本工程科學I：使用fischertechnik工程
積木學習結構與設計實務 / 宋德震編著
-- 初版. -- 新北市：台科大圖書, 2020.06
　　　　　　面；　公分
ISBN 978-986-523-017-3（平裝）
1.結構工程　2.結構力學　3.設計
441.22　　　　　　　　　　　109007743

有著作權　侵害必究

▶ 本書受著作權法保護。未經本公司事前書面授權，不得以任何方式（包括儲存於資料庫或任何存取系統內）作全部或局部之翻印、仿製或轉載。

▶ 書內圖片、資料的來源已盡查明之責，若有疏漏致著作權遭侵犯，我們在此致歉，並請有關人士致函本公司，我們將作出適當的修訂和安排。

郵購帳號　19133960
戶　　名　台科大圖書股份有限公司
　　　　　※郵撥訂購未滿1500元者，請付郵資，本島地區100元 / 外島地區200元
客服專線　0800-000-599
網路購書　tkdbooks.com

各服務中心專線

總　公　司	02-2908-5945	台中服務中心	04-2263-5882
台北服務中心	02-2908-5945	高雄服務中心	07-555-7947

線上讀者回函
歡迎給予鼓勵及建議
tkdbooks.com/PN039

機構結構教學 FT 模組

產品編號：3009101
建議售價：$7,900

Maker 指定教材
孩子的第一本工程科學 I：
使用 fischertechnik 工程積木
學習結構與設計實務
書號：PN039　作者：宋德震
建議售價：$300

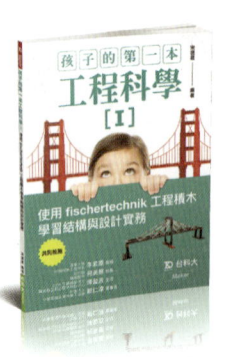

Maker 指定教材
孩子的第一本工程科學 II：
使用 fischertechnik 工程積木
學習機構與設計實務
書號：PN040　作者：宋德震
近期出版

產品特點
- 500 個工程積木，包含：基礎、關節、結構等零組件，如各式齒輪、凸輪、連桿、滑輪、輪軸…等。
- 30 個模型範例，包含：變速箱、差速器、橋樑、起重機…等。

選配
- 原廠充電電池組，含充電器、8.4V/1500mAh 充電電池，產品編號：3009001　建議售價：$2,800
- 鋰充電電池 9V/700mAh(單顆)，產品編號：0199001　建議售價：$350
- 充電器 (9V 鋰電池雙槽)，產品編號：0199002　建議售價：$450

產品編號	動力來源	驅動	零件	模型範例	塑膠箱 (mm)	售價 (NT$) 含稅
3009101	DC9V 電池盒 (不含電池)	XS 馬達 DC9V	500	30	440x315x150	7,900

※ 價格‧規格僅供參考　依實際報價為準

JYiC.net 勁園國際股份有限公司 www.jyic.net
諮詢專線：02-2908-5945 或洽轄區業務
歡迎辦理師資研習課程